Adobe Photoshop CC + Illustrator CC 数字插画设计课堂实录

宿琼　岳梦雯　魏砚雨　主　编

清华大学出版社

北京

内 容 简 介

本书以 Photoshop 和 Illustrator 软件为载体，以知识应用为中心，对插画设计知识进行了全面阐述。书中每个案例都给出了详细的操作步骤，同时还对操作过程中的设计技巧进行了描述。

全书共 8 章，前两章为理论知识，对插画设计概述、构图、色彩、常用硬件设备与软件、Photoshop 及 Illustrator 必备的知识进行了系统讲解；后 6 章则为案例讲解，包括人鱼插画设计、写实冰淇淋插画设计、咖啡广告插画设计、奇幻风格的插画设计、手抄报插画设计、雪天场景插画设计等内容。

本书结构合理，思路清晰，内容丰富，语言简练，解说详略得当，既有鲜明的基础性，也有很强的实用性。本书既可作为高等院校相关专业的教学用书，又可作为插画设计爱好者的学习用书。

图书在版编目(CIP)数据

Adobe Photoshop CC + Illustrator CC数字插画设计课堂实录 / 宿琼，岳梦雯，魏砚雨主编. —北京：清华大学出版社，2021.7（2024.1重印）

ISBN 978-7-302-58151-2

Ⅰ.①A… Ⅱ.①宿… ②岳… ③魏… Ⅲ.①图像处理软件—高等学校—教材 ②平面设计—图形软件—高等学校—教材 Ⅳ.①TP391.413②TP391.412

中国版本图书馆CIP数据核字（2021）第088575号

责任编辑：李玉茹
封面设计：杨玉兰
责任校对：吴春华
责任印制：刘海龙

出版发行：清华大学出版社
   网 址：https://www.tup.com.cn, https://www.wqxuetang.com
   地 址：北京清华大学学研大厦A座   邮 编：100084
   社 总 机：010-83470000   邮 购：010-62786544
   投稿与读者服务：010-62776969，c-service@tup.tsinghua.edu.cn
   质量反馈：010-62772015，zhiliang@tup.tsinghua.edu.cn

印 装 者：三河市君旺印务有限公司
经 销：全国新华书店
开 本：200mm×260mm   印 张：13.75 字 数：334千字
版 次：2021年7月第1版   印 次：2024年1月第3次印刷
定 价：79.00 元

产品编号：089280-01

序 言

数字艺术设计是指通过数字化手段和数字工具实现创意和艺术创作的全新职业技能，全面应用于文化创意、新闻出版、艺术设计等相关领域，并覆盖移动互联网应用、传媒娱乐、制造业、建筑业、电子商务等行业。

ACAA为Alliance of China Digital Arts Academy缩写，意为联合数字创意和设计相关领域的国际厂商、龙头企业、专业机构和院校，为数字创意领域人才培养提供最前沿的国际技术资源和支持。

ACAA二十年来始终致力于数字创意领域，在国内率先创建数字创意领域数字艺术设计技能等级标准，填补该领域空白，依据职业教育国际合作项目成立"设计类专业国际化课改办公室"，积极参与"学历证书+若干职业技能等级证书"相关工作，目前是Autodesk中国教育管理中心和Unity中国教育计划合作伙伴。

ACAA在数字创意相关领域具有显著的品牌辨识度和影响力，并享有独立的自主知识产权，先后为Apple、Adobe、Autodesk、Sun、Redhat、Unity、Corel等国际软件公司提供认证考试和教育培训标准化方案，经过二十年市场检验，获得充分肯定。

二十年来，通过ACAA数字艺术设计培训和认证的学员，有些已成功创业，有些成为企业骨干力量。众多考生通过ACAA数字艺术设计师资格，或实现入职，或实现加薪、升职，企业还可以通过高级设计师资格完成资质备案，来提升企业竞标成功率。

ACAA系列教材旨在为院校和学习者提供更为科学、严谨的学习资源，我们致力于把最前沿的技术和最实用的职业技能评测方案提供给院校和学习者，促进院校教学改革，提升教学质量，助力产教融合，帮助学习者掌握新技能，强化职业竞争力，助推学习者的职业发展。

ACAA教育\Autodesk中国教育管理中心

(设计类专业国际化课改办公室)

主任：王 东

前　言

本书内容概要

插画设计是一门集多种艺术表达手段于一体的设计门类，常以 Photoshop 和 Illustrator 软件为载体。其中 Photoshop 对色彩的融合和图像处理编辑有很强的优势，Illustrator 在矢量图绘制领域则是无可替代的。两个软件是相辅相成的，既可以搭配使用，也可以独立使用，在设计数字作品时可以根据需要灵活使用。

本书从插画设计的入门知识讲起，搭配应用到的软件功能进行全面阐述，对不同风格插画案例进行展示和制作讲解，让读者了解插画设计知识、熟悉软件的各大功能。全书分为两篇（共 8 章），其主要内容如下。

篇	章节	内容概述
理论知识篇	第 1～2 章	主要讲解了插画设计概述、构图、色彩、常用硬件设备、常用软件等入门知识，还讲解了 Photoshop 和 Illustrator 文件的基本操作、辅助工具的使用、图形的绘制、图形的填充、文本工具的应用、图像色彩的调整、通道、蒙版、滤镜等知识。学习这些知识可以起到温故知新的作用，为后期实际上手操作奠定基础
实战案例篇	第 3～8 章	主要讲解了人鱼插画设计、写实冰淇淋插画设计、咖啡广告插画设计、奇幻风格的插画设计、手抄报插画设计、雪天场景插画设计等案例。这些案例有易有难，读者可以根据自身的情况逐一选择学习

系列图书一览

本系列图书既注重单个软件的实操应用，又看重多个软件的协同办公，以"理论＋实操"为创作模式，向读者全面阐述了各软件在设计领域中的强大功能。在讲解过程中，结合各领域的实际应用，对相关的行业知识进行了深度剖析，以辅助读者完成各种类型的设计工作。正所谓要"授人以渔"，读者不仅可以掌握这些设计软件的使用方法，还能利用它独立完成作品的创作。本系列图书包含以下图书作品：

- ★ 《Adobe Photoshop CC 课堂实录》
- ★ 《Adobe Illustrator CC 课堂实录》
- ★ 《Adobe InDesign CC 课堂实录》
- ★ 《Adobe Dreamweaver CC 课堂实录》
- ★ 《Adobe Animate CC 课堂实录》
- ★ 《Adobe Premiere Pro CC 课堂实录》
- ★ 《Adobe After Effects CC 课堂实录》
- ★ 《CorelDRAW 课堂实录》
- ★ 《Photoshop CC＋Illustrator CC 插画设计课堂实录》
- ★ 《Premiere Pro CC+After Effects CC 视频剪辑课堂实录》
- ★ 《Photoshop+Illustrator+InDesign 平面设计课堂实录》
- ★ 《Photoshop+Animate+Dreamweaver 网页设计课堂实录》

配套资源获取方式

目前市场上很多计算机图书中配带的 DVD 光盘，总是容易破损或无法正常读取。鉴于此，本系列图书的资源可以通过扫描以下二维码获取素材、视频、课件。

本书由宿琼（哈尔滨体育学院）、岳梦雯（云南能源职业技术学院）、魏砚雨（南京信息职业技术学院）编写。其中宿琼编写第 1~4 章，岳梦雯编写第 5~6 章，魏砚雨编写第 7~8 章。在写作过程中始终坚持严谨细致的态度，由于时间有限，书中疏漏之处在所难免，希望读者批评指正。

CONTENTS
目 录

第 1 章
插画设计准备知识

1.1 插画设计概述 ·· **2**

    1.1.1 什么是插画 ································· 2

    1.1.2 插画的市场需求 ····························· 4

1.2 插画的构图与欣赏 ···························· **4**

    1.2.1 常见构图方式 ······························ 4

    1.2.2 插画构图欣赏 ······························ 7

    1.2.3 插画应用欣赏 ······························ 8

1.3 色彩的基础知识 ······························· **9**

    1.3.1 色彩构成 ································· 9

    1.3.2 色彩属性 ································· 10

    1.3.3 认识色相环 ······························· 11

    1.3.4 色彩平衡 ································· 14

1.4 常用硬件设备 ································· **15**

    1.4.1 电脑 ···································· 15

    1.4.2 数位板 ·································· 15

    1.4.3 扫描仪 ·································· 16

    1.4.4 打印机 ·································· 16

    1.4.5 数码相机 ································ 17

1.5 常用软件 ···································· **18**

    1.5.1 Adobe Photoshop ··················· 18

    1.5.2 Adobe Illustrator ···················· 18

    1.5.3 SAI ····································· 18

第 2 章
插画制作基础

2.1 Photoshop 与 Illustrator 的应用 ················· **22**

2.1.1 关于 Photoshop ················· 22

2.1.2 关于 Illustrator ················· 23

2.2 文件的基本操作 ················· **23**

2.2.1 新建文档 ················· 23

2.2.2 存储文件 ················· 24

2.2.3 置入文件 ················· 25

2.2.4 导出文件 ················· 25

2.3 图像的基本操作 ················· **25**

2.3.1 缩放图像与图像窗口 ················· 25

2.3.2 裁切图像 ················· 27

2.3.3 图像的恢复操作 ················· 27

2.4 辅助工具的使用 ················· **27**

2.4.1 标尺 ················· 28

2.4.2 参考线 ················· 28

2.4.3 网格 ················· 28

2.5 图形的绘制 ················· **29**

2.5.1 基础几何图形工具 ················· 29

2.5.2 路径工具组 ················· 31

2.5.3 画笔工具 ················· 34

2.5.4 铅笔工具组 ················· 35

2.6 图形的填充 ················· **36**

2.6.1 渐变填充 ················· 36

2.6.2 吸管工具与油漆桶工具 ················· 38

2.6.3 实时上色 ················· 39

2.6.4 网格工具 ················· 40

2.7 对象的编辑 ················· **41**

2.7.1 "图层"面板 ················· 41

2.7.2 图层样式与图形样式 ················· 42

2.7.3 图层的对齐与分布 ················· 46

2.7.4 图像描摹 ················· 47

2.7.5 "外观"面板 ················· 47

2.8 文本的应用 ················· **49**

2.8.1 文字工具组 ················· 49

2.8.2 "字符"与"段落"面板 ················· 52

2.8.3　变形文字 …………………………………………………………… 55

2.9　调整图像的色调 ………………………………………………… 56
2.9.1　色彩平衡 ………………………………………………………… 56
2.9.2　色相 / 饱和度 …………………………………………………… 57
2.9.3　色阶 ……………………………………………………………… 58
2.9.4　曲线 ……………………………………………………………… 58
2.9.5　去色 ……………………………………………………………… 60
2.9.6　阈值 ……………………………………………………………… 60

2.10　通道与蒙版 ……………………………………………………… 61
2.10.1　"通道"面板 …………………………………………………… 61
2.10.2　通道的种类 ……………………………………………………… 61
2.10.3　"蒙版"面板 …………………………………………………… 63
2.10.4　蒙版的种类 ……………………………………………………… 64

2.11　滤镜效果 …………………………………………………………… 68
2.11.1　滤镜库 …………………………………………………………… 69
2.11.2　"模糊"滤镜组 ………………………………………………… 73
2.11.3　"扭曲"滤镜组 ………………………………………………… 75
2.11.4　3D ……………………………………………………………… 77
2.11.5　扭曲和变换 ……………………………………………………… 81
2.11.6　路径查找器 ……………………………………………………… 85

第 3 章
人鱼插画设计

3.1　创作思路 ………………………………………………………… 90
3.2　实现过程 ………………………………………………………… 90
3.2.1　创建人鱼轮廓 …………………………………………………… 90
3.2.2　为人鱼添加颜色 ………………………………………………… 98
3.2.3　为细节填色 ……………………………………………………… 106
3.2.4　作品优化与修饰 ………………………………………………… 113

第 4 章
写实冰淇淋插画设计

4.1　创作思路 ………………………………………………………… 118
4.2　实现过程 ………………………………………………………… 118
4.2.1　绘制纸杯 ………………………………………………………… 118
4.2.2　绘制水果 ………………………………………………………… 122
4.2.3　绘制冰淇淋 ……………………………………………………… 126

目录

第 5 章
咖啡广告插画设计

5.1 **创作思路** ……………………………………… **130**

5.2 **实现过程** ……………………………………… **130**

    5.2.1 绘制主体图像咖啡杯 …………………………… 130

    5.2.2 为咖啡杯制作立体效果 ………………………… 137

    5.2.3 绘制碟盘 ………………………………………… 142

    5.2.4 添加装饰图像和文本 …………………………… 145

第 6 章
奇幻风格的插画设计

6.1 **创作思路** ……………………………………… **152**

6.2 **实现过程** ……………………………………… **152**

    6.2.1 创建背景和香炉图像 …………………………… 152

    6.2.2 创建主体图像 …………………………………… 157

    6.2.3 修饰主体图像 …………………………………… 162

    6.2.4 创建狮子光影效果 ……………………………… 166

    6.2.5 创建犀牛光影 …………………………………… 170

    6.2.6 创建香炉及放射光影 …………………………… 177

第 7 章
手抄报插画设计

7.1 **创作思路** ……………………………………… **182**

7.2 **实现过程** ……………………………………… **182**

    7.2.1 绘制图像部分 …………………………………… 182

    7.2.2 填充文字部分 …………………………………… 188

第 8 章
雪天场景插画设计

8.1 **创作思路** ……………………………………… **196**

8.2 **实现过程** ……………………………………… **196**

    8.2.1 绘制背景部分 …………………………………… 196

    8.2.2 绘制人物部分 …………………………………… 200

    8.2.3 绘制装饰部分 …………………………………… 205

第 1 章

插画设计准备知识

内容导读

　　插画设计是一门集多种艺术表达手段于一体的设计门类，在本章中，将带领读者一起了解什么是插画、插画的构图以及插画中涉及的色彩、硬件与软件等知识。

1.1 插画设计概述

插画最早来源于招贴海报，如图 1-1、图 1-2 所示。早先所谓的商业插画属于平面设计的专业，随着插画的慢慢发展，现已经成为一个独立的绘画体系，广泛应用于出版物、海报、动画、游戏、影视等各个领域。

图 1-1

图 1-2

■ 1.1.1 什么是插画

插画是通过绘画的手段达到传递信息的目的，适用于公益、商业宣传的一种艺术门类。它运用图案表现的形象，本着审美与实用相统一的原则，尽量使线条、形态清晰明快。插画的应用有很多，广告、杂志、说明书、海报、书籍、包装等平面作品中，凡是用于做"解释说明"的都可以算在插画的范畴内，如图 1-3、图 1-4 所示。

图 1-3

图 1-4

ACAA课堂笔记

插画的表现形式有很多，人物、自由形式、写实手法、黑白的、彩色的、运用材料的、照片的、电脑制作的，只要能形成"图形"的，都可以运用到插画的制作中去，如图1-5、图1-6所示。

图 1-5

图 1-6

如今通行于国内外市场的商业插画，包括出版物插图、卡通吉祥物、影视与游戏美术设计和广告插画4种形式。在国内，插画一般被人们俗称为插图，已经遍布于平面和电子媒体、商业场馆、公众机构、商品包装、影视演艺海报、企业广告，甚至T恤、日记本、贺卡、杂志等介质，如图1-7所示。

图 1-7

绘画插图多少会带有作者主观意识，它具有自由表现的个性，无论是幻想的、夸张的、幽默的还是情绪化的，都能自由表现处理。作为一个插画师，必须完成广告创意的主题，如图1-8所示。对事物有较深刻的理解，才能创作出优秀的插画作品。自古绘画插图都是由画家兼任，随着设计领域的扩大，插画技巧日益专门化，如今插画工作早已由专业插画家来担任。

图 1-8

■ 1.1.2 插画的市场需求

插画的市场需求，有出版物、海报、包装、动画和影视等方面。出版物是现在国内最大的市场，主要针对图书封面和内插图，很多小说和杂志的封面也越来越多地应用到插画。此外，还包括言情小说和魔幻小说、儿童图书或是低幼图书，如图 1-9、图 1-10 所示。

图 1-9   图 1-10

插画的市场要求，还有游戏、动画和影视，主要是场景设定和分镜头的绘制，这是现在比较热门的一个行业，也是比较缺乏人才的行业，如图 1-11 所示。

图 1-11

1.2 插画的构图与欣赏

插画构图属于创作中的"核心"，整体的画面节奏和主题思想都与其有关。

■ 1.2.1 常见构图方式

插画构图方式大致可以分为对称构图、中心构图、对角构图、三角构图、框式构图、三分构图、圆形构图以及 S 型构图，下面就一些常用的构图方式进行介绍。

1. 对称构图

将画面分为左右或上下两个部分，给人平衡的感觉，画面结构平衡，相互对应，具有平衡、稳定、呼吸等特征，如图 1-12 所示。

2. 对角构图

把主体安排在对角线上，以突出主体。直线线条更加直接地表达了主旨，使人的眼球跟着画面走，并且能够很好地分割和平衡画面，如图 1-13 所示。

图 1-12   图 1-13

3. 中心构图

主体在画面中心，两边几乎相等，而且光线几乎和构图一样中心散发或者聚拢。画面整体中心对称，有权力、尊重、高贵、严肃等感觉，如图 1-14 所示。

4. 框式构图

利用门、窗、树丛等作为前景，制造出框的感觉，使视线重点引向框内，突出主体，形成很强的空间感和透视效果，如图 1-15 所示。

图 1-14   图 1-15

5. 三角构图

在画面中以三个视觉中心定位三角点，或者三点成一面的三角形景物，形成稳定的三角式构图，具有构图安定、均衡、沉稳、庄严等特点，如图 1-16 所示。在正三角的基础之上，变化成斜三角式构图，可以使画面更加丰富和生动，如图 1-17 所示。

图 1-16

图 1-17

6. 三分构图

三分法构图是最基本的构图方式，就是把画面横直都分为三等分，共划分成九格，画面出现两竖两横的垂直及水平线，又称"井字形构图"。这种构图形式也多运用于摄影构图中，能快速吸引观者的注意力，画面氛围安静且别有韵味，如图 1-18 所示。

7. 紧凑构图

为呈现局部特写，一般将物体布满整个画面，具有紧凑、细腻、微观、细节等特点，常用于肖像、特写物体或者细节刻画等，如图 1-19 所示。

图 1-18

图 1-19

8. S 形构图

S 形构图具有一定的动势，画面可以得到延伸，使画面富有空间感和柔美感。常见的主体有河流、铁轨、曲径、女人婀娜多姿的身材，如图 1-20 所示。

9. 垂直线构图

它以垂直线条为主，如树木或建筑等，使画面产生距离感，增加其深度，如图 1-21 所示。

图 1-20 　　　　　　　　　　　　　图 1-21

■ 1.2.2　插画构图欣赏

下面是一些不同构图方式与风格的插画设计，可以作为日常学习参考，如图 1-22 ～图 1-29 所示。

图 1-22 　　　　　　　　　　　　　图 1-23

图 1-24 　　　　　　　　　　　　　图 1-25

图 1-26

图 1-27

图 1-28

图 1-29

■ 1.2.3 插画应用欣赏

　　下面是一些不同风格的插画设计应用欣赏，如网页、海报、包装、贺卡，等等，如图 1-30 ～图 1-34 所示。

图 1-30

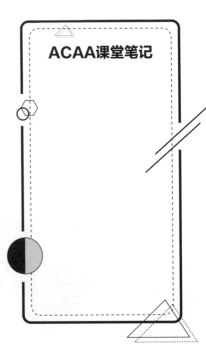

ACAA课堂笔记

图 1-31   图 1-32

图 1-33   图 1-34

1.3 色彩的基础知识

　　色彩作为设计的灵魂,是设计师设计中最重要的元素。此小节将从色彩的构成、色彩的属性、色彩的混合以及色彩平衡等方面进行讲解。

■ 1.3.1 色彩构成

1. 色光的三原色

　　色光的三原色指的是红、绿、蓝。三原色两两混合可以得到中间色:C(Cyan)青色,M(Magenta)品红色,Y(Yellow)黄色。三种颜色等量组合可以得到白色。

2. 印刷的三原色

　　我们看到的印刷颜色,实际上是纸张反射的光线。颜料是吸收光线,而不是光线的叠加,因此颜料的三原色就是能吸收 RGB 的颜色,即青、品红、黄,它们是 RGB 的补色。

1.3.2　色彩属性

色彩的重要来源是光，也可以说没有光就没有色彩，而太阳光被分解为红、橙、黄、绿、青、蓝、紫等颜色，如图 1-35 所示。

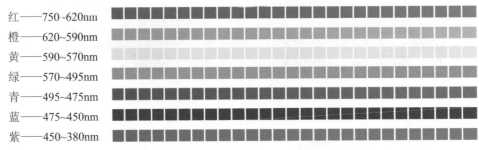

红——750~620nm
橙——620~590nm
黄——590~570nm
绿——570~495nm
青——495~475nm
蓝——475~450nm
紫——450~380nm

图 1-35

色彩由三种元素构成，即色相、明度、纯度（也称饱和度）。

1. 色相

色相即每种色彩的相貌、名称，如红、橘红、翠绿、湖蓝，群青等。色相是区分色彩的主要依据，是色彩的重要的特征之一。如图 1-36、图 1-37 所示为红苹果和绿苹果。

图 1-36

图 1-37

2. 明度

明度即色彩的明暗差别，即色彩亮度。在有彩色系中，明度最高的是黄色，明度最低的是紫色，红、橙、蓝、绿属于中明度。在无彩色系中，明度最高的是白色，明度最低的是黑色。要使色彩明度提高，可加入白色，反之加入黑色。据孟塞尔色立体理论，把明度由黑到白等差分成九个色阶，叫作"明调九度"，如图 1-38 所示。

低明度　　　　　　中明度　　　　　　高明度

图 1-38

◎ 以深色系 1~3 级为主调的称为低明度基调，具有沉静、厚重、迟钝、沉闷的感觉；

◎ 以中色系 4~6 级为主调的称为中明度基调，具有柔和、甜美、稳定、舒适的感觉；

◎ 以浅色系 7~9 级为主调的称为高明度基调，具有优雅、明亮、轻松、寒冷的感觉。

3. 纯度

纯度即色彩中包含的单种标准色成分的多少。纯色的色感强，即色度强，所以纯度亦是色彩感觉强弱的标志。其中红、橙、黄、绿、蓝、紫等的纯度最高，无彩色系中的黑、白、灰的纯度几乎为 0。如图 1-39、图 1-40 所示为高纯度橙色和低纯度橙色。

图 1-39

图 1-40

■ 1.3.3 认识色相环

色相环通常包括 12 种不同的颜色，包括原色、间色、复色、冷色和暖色、类似色、邻近色、互补色和对比色等。

1. 原色

原色是指通过其他色彩的混合调配得出的基本色。颜料的三原色是红、黄、蓝，三原色是平均分布在色相环中的，如图 1-41 所示。

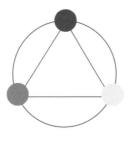

图 1-41

2. 间色

间色又称为第二次色，由三原色中的任意两种原色相互混合而成，如红色＋黄色＝橙色；红色＋蓝色＝紫色；黄色＋蓝色＝绿色。根据比例不同，间色也随之变化，如图 1-42、图 1-43 所示。

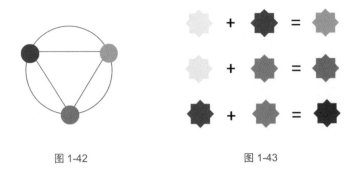

图 1-42　　　　　　　　　图 1-43

3. 复色

复色又称为第三次色，由一个原色和一个间色混合而成。复色的名称一般由两种颜色组成，如黄橙、黄绿、蓝紫等，如图 1-44、图 1-45 所示。

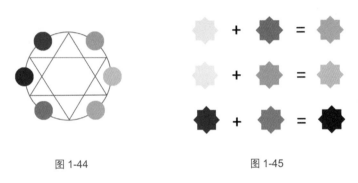

图 1-44　　　　　　　　　图 1-45

4. 冷色和暖色

色彩学上根据人的心理感受，把颜色分为暖色（红、橙、黄）、冷色（绿、蓝）和中性色（紫、黑、灰、白）。暖色给人以热烈、温暖之感；冷色给人以距离、凉爽之感，如图 1-46 所示。

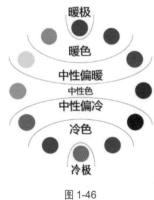

图 1-46

5. 类似色

色相环夹角为 60°以内的色彩为类似色关系，其色相对比差异

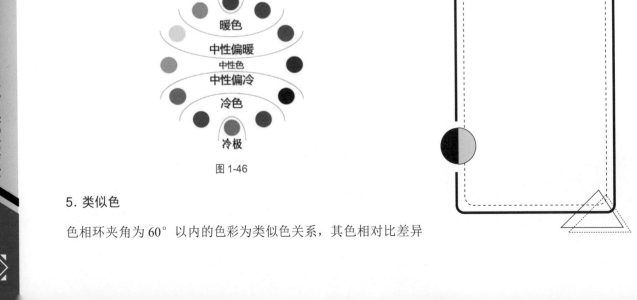

不大，给人以统一、稳定的感觉，如图 1-47、图 1-48 所示。

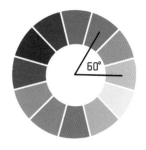

图 1-47

图 1-48

6. 邻近色

色相环中夹角为 60°～ 90° 的色彩为邻近色关系。如红色与黄橙色、青色与黄绿色等，在明度和纯度上可以构成较大的反差效果，使画面更丰富、更有层次感，如图 1-49、图 1-50 所示。

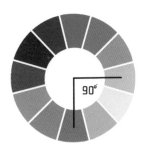

图 1-49

图 1-50

7. 互补色

色相环中夹角为 180° 的色彩为互补色关系，如红色与绿色、黄色与紫色、橙色与蓝色等。互补色有强烈的对比度，在高饱和颜色情况下，可以创作出震撼的效果，如图 1-51、图 1-52 所示。

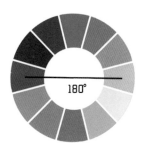

图 1-51

图 1-52

8. 对比色

色相环中夹角为 120° 左右的色彩为对比色关系。这种搭配使画面具有矛盾感，矛盾越鲜明，对比越强烈，如图 1-53、图 1-54 所示。

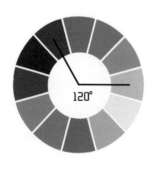

图 1-53   图 1-54

十二色相环是由原色（红、黄、蓝）、二次色（橙、紫、绿）和三次色（红橙、黄橙、黄绿、蓝绿、蓝紫、红紫）组合而成。

1.3.4 色彩平衡

色彩搭配中，最重要的三个概念就是主色、辅助色和点缀色，这三种色彩组成了一幅画的所有色彩。

1. 主色

主色，就是最主要的颜色，也就是占据面积最多的色彩，若将其标准化，需要占到全部面积的50%～60%。主色是整幅画面的基调，决定了画面的主题，辅助色和点缀色都需要围绕着它来进行选择与搭配。

2. 辅助色

辅助色，主要目的就是衬托主色，需要占到全部面积的30%～40%。正常情况下，辅助色比主色略浅，不要给人头重脚轻、喧宾夺主的感觉。比如主色是深蓝色，辅助色可以使用绿色进行搭配。

3. 点缀色

点缀色的面积虽小但却是画面中最吸引眼球的"点睛之笔"，其面积一般占到整个画面的15%以下。一幅完美的画面，除了有恰当的主色和辅助色的搭配，还要有亮眼的点缀色进行"点睛"。

正是有了主色作为主基调，辅助色与点缀色才能使得整个画面变得美妙，如图1-55、图1-56所示。

图 1-55   图 1-56

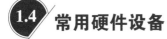 常用硬件设备

插画多使用电脑来进行设计创作，这里给大家介绍在工作的过程中都需要哪些硬件设备。

■ 1.4.1　电脑

电脑是进行插画设计必不可缺的。使用电脑进行创作，方便修改、保存以及批量输出。对于大多数人来说，一般主流配置的电脑便足够。若相对要求较高、较专业，最好还是配置得高一些，让 CPU 运算速度快、内存大。一般在使用设计软件创作时，文件尺寸大、图层多，会很耗费系统资源，尤其是使用三维软件来创作的话，对电脑的要求更高。显示器的选择也很重要，不同的显示器，对于颜色的显示也不一样，选择一款较好的显示器，可以避免出现较强的色差。

除了台式电脑，轻便易携带的笔记本和 iPad 也慢慢成为进行插画设计的首选，如图 1-57 所示。

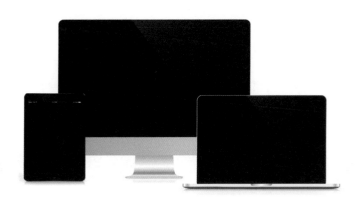

图 1-57

■ 1.4.2　数位板

数位板，又名绘图板、绘画板、手绘板等，是计算机输入设备的一种，通常由一块板子和一支压感笔组成，如图 1-58 所示。它和手写板等非常规的输入产品类似，都针对一定的用户群体。与手写板不同的是，数位板主要针对设计类的办公人士，用作绘画创作，就像画家的画板和画笔。在电影中常见的逼真的画面和栩栩如生的人物，就是通过数位板一点点画出来的。数位板的绘画功能，是键盘和手写板无法媲美的。数位板主要面向设计、美术相关专业师生、广告公司与设计工作室，以及 Flash 矢量动画制作者。

图 1-58

■ 1.4.3 扫描仪

对于很多插画设计师来说，日常的素材收集是必不可少的，书籍、杂志中的图片，可以使用扫描仪扫描，如图 1-59 所示。将图片扫描下来存入电脑中，进行日常的收集和阅读，会丰富设计灵感，扩展创作思路。

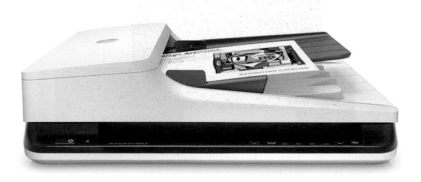

图 1-59

■ 1.4.4 打印机

使用打印机的目的是输出创作的插画设计作品，方便客户查看。目前可以通过两种打印机输出。

一种是彩色喷墨打印机，如图 1-60 所示。这种类型因其有着良好的打印效果与较低价位的优点而占领了广大中低端市场。此外，喷墨打印机还具有更为灵活的纸张处理能力；在打印介质的选择上，喷墨打印机也具有一定的优势，既可以打印信封、信纸等普通介质，还可以打印胶片、照片纸、光盘封面、卷纸、T恤转印纸等特殊介质。

Adobe Photoshop CC+Illustrator CC 数字插画设计课堂实录

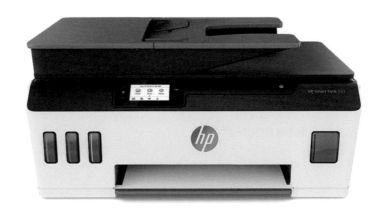

图 1-60

另一种就是彩色激光打印机,如图 1-61 所示,它可以提供更高质量、更快速的打印方式。但彩色激光打印机的价格不菲,对于有些插画爱好者来说价格偏高。

图 1-61

■ 1.4.5 数码相机

使用数码相机可以拍摄一些需要的图片,如产品、景物、场景、人物,等等,可以获得第一手的素材。有些时候,数码相机可以替代扫描仪的功能,比如在日常生活中看到书籍中的图片,可直接拍摄下来,而无须扫描仪。

1.5 常用软件

插画设计是一个自由创作的艺术形式，对于软件没有特别的限制，只要可以表现出所要的效果，都可以拿来使用。常用的软件包括 Photoshop、Illustrator、SAI 以及一些三维软件。

■ 1.5.1 Adobe Photoshop

因为 Photoshop 在图片处理、绘画方面的功能强大，是大多数插画师的首选。这是上手率最高的软件之一，其功能的强大性就不多说了，在本书中会有详细的介绍。该软件可以绘制风格多样的图片，也是编辑特殊效果和质感以及后期调整的利器，如图 1-62 所示。

图 1-62

■ 1.5.2 Adobe Illustrator

Illustrator 是专门为矢量插画量身定做的软件，它可以创建出光滑、细腻的艺术作品，如插画、广告图形等。因为可以和 Photoshop 几乎无障碍地配合使用，所以它是众多设计师、插画师的最爱，如图 1-63 所示。

■ 1.5.3 SAI

SAI 即 Easy PaintTool SAI，是一个专门绘图软件，许多功能较 Photoshop 更人性化，如可以任意旋转、翻转画布，缩放时反锯齿等。使用 SAI 勾线方便，笔刷图案丰富逼真，笔触更直硬，适合漫画爱好者使用；而且占用空间小，对电脑要求低，如图 1-64 所示。

图 1-63

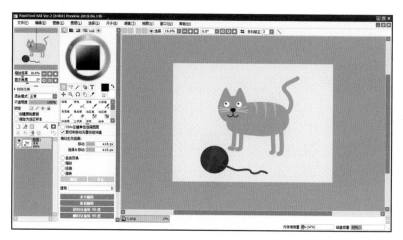

图 1-64

第<2>章

插画制作基础

内容导读

　　掌握 Photoshop 与 Illustrator 一些基本操作，可以为真正展开插画设计工作做足充分的准备，其中一些实用的技巧，对整个创作过程起着十分关键的作用。希望读者通过本章的学习，可以掌握相关知识，并在实际操作中得以应用。

Photoshop 与 Illustrator 是绘制插画的常用软件。掌握这两个软件的一些基本操作，可以为真正展开插画设计工作做好充分的准备，其中一些实用的技巧，对整个创作过程起着十分关键的作用。

2.1.1 关于 Photoshop

Photoshop 是一款操作方便、涉及较广的图像编辑软件。

运行软件，执行"文件"|"打开"命令，或按 Ctrl+O 组合键，打开一幅图像，便可以看到 Photoshop 的工作界面，如图 2-1 所示。其中主要包括菜单栏、工具箱、属性栏、面板、图像编辑窗口、标题栏以及状态栏等。

图 2-1

◎ 菜单栏：菜单栏由"文件""编辑""文字""图层"和"选择"等 11 个菜单组成。单击相应的主菜单，即可打开子菜单，在子菜单中选择某一项菜单命令即可执行该操作。

◎ 属性栏：属性栏在菜单栏下方，主要用来设置工具的参数；不同的工具，属性栏也不同。

◎ 标题栏：新建一个文件后，Photoshop 会自动创建一个文件名。在标题栏中会显示这个文件的名称、格式、窗口缩放比例以及颜色模式等。

◎ 工具箱：默认情况下，工具箱位于工作区左侧，单击工具箱中的工具图标，即可使用该工具。部分工具图标的右下角有一个黑色小三角图标，表示是一个工具组，长按工具按钮不放，即可显示工具组全部工具。

◎ 图像编辑窗口：图像编辑窗口是用来绘制、编辑图像的区域。其灰色区域是工作区，上方是标题栏，下方是状态栏。

◎ 面板：面板主要是用来配合图像的编辑、对操作进行控制以及设置参数等，每个面板的右上角都有一个菜单 ▤ 按钮，单击该按钮即可打开该面板的设置菜单。常见的面板有"图层"面板、"属性"面板、"通道"面板、"动作"面板、"历史记录"面板和"颜色"面板等。

◎ 状态栏：状态栏位于图像窗口的底部，用于显示当前文档缩放比例、文档尺寸大小等信息。单击状态栏中的三角形图标 ❭ ，可以设置要显示的内容。

2.1.2 关于 Illustrator

Illustrator 在矢量绘图软件中占有一席之地，并且对位图也有一定的处理能力。Illustrator 的工作界面和 Photoshop 界面类似，如图 2-2 所示。

图 2-2

2.2 文件的基本操作

在使用软件处理图像之前，应先了解软件中的一些基本操作。Photoshop 和 Illustrator 两个软件，关于文件的新建、存储、置入等操作方法相同，但在 Illustrator 中若要保存为方便浏览的 JPEG 或 PNG 格式，则需使用"画板工具"后执行"导出"命令。

2.2.1 新建文档

执行"文件"|"新建"命令，或按 Ctrl+N 组合键，弹出"新建文档"对话框，如图 2-3 所示。设置相应的选项后，单击"创建"按钮，即可创建一个新的文件。

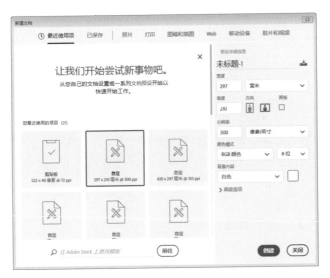

图 2-3

■ 2.2.2 存储文件

指使用软件处理图像过程中或处理完毕后对图像所做的保存操作。若不需要对当前文件的文件名、文件类型或存储位置进行修改，可执行"文件"|"存储"命令或者按 Ctrl+S 组合键，直接进行存储。

若要将编辑后的图像文件以不同的文件名、文件类型或存储位置进行存储，则应使用另存为的方法，执行"文件"|"存储为"命令或者按 Ctrl+Shift+S 组合键，弹出"另存为"对话框，从中选择存储路径、文件格式并输入文件名，单击"保存"按钮即可，如图 2-4 所示。

图 2-4

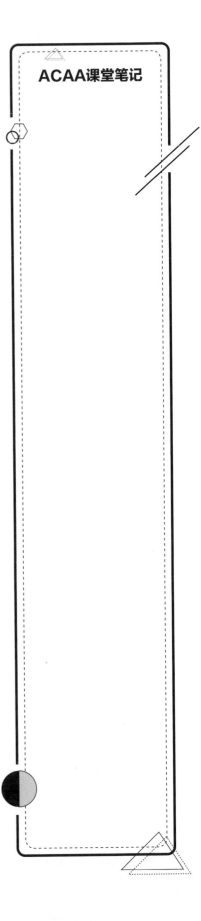

■ 2.2.3　置入文件

执行"文件"|"置入嵌入对象"命令，弹出"置入嵌入对象"对话框，在该对话框中选择需要置入的文件后单击"置入"按钮。在 Photoshop 中置入矢量图形时，这些图形将自动转换为位图图像；若置入的是位图图像，则会自动转换为智能图层。在 Illustrator 中，文件可以以嵌入或链接的形式被置入，也可以作为模板文件置入。

■ 2.2.4　导出文件

"存储"命令可以将文档存为 Illustrator 特有的矢量文件格式；若要保存为便于浏览、传输的文件格式，则需执行"文件"|"导出"命令，如图 2-5 所示。

图 2-5

2.3　图像的基本操作

在进行图像操作时，当图像的大小不满足要求时，可根据需要在操作过程中调整修改，包括图像和图像窗口的缩放、裁剪图像、图像的恢复等。

■ 2.3.1　缩放图像与图像窗口

"缩放工具"可以放大或缩小图像文件的视图比例。选择该工具后，显示其属性栏，如图2-6所示。

图 2-6

在属性栏中，各主要选项的含义介绍如下。

◎ 放大按钮：单击此按钮或按 Ctrl++ 组合键，放大图像。

◎ 缩小按钮：单击此按钮或按 Ctrl+- 组合键，缩小图像。

◎ 100%：当图像窗口脱离工作区，单击此按钮或按 Ctrl+1 组合键，将当前窗口缩放为 1：1，如图 2-7 所示。

◎ 填充屏幕：当图像窗口脱离工作区，单击此按钮或按 Ctrl+0 组合键，将当前窗口缩放为屏幕大小，如图 2-8 所示。

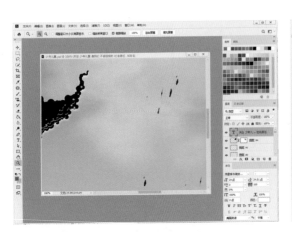

图 2-7 图 2-8

◎ 适合屏幕：当图像窗口脱离工作区，单击此按钮，缩放当前窗口以适合屏幕，如图 2-9 所示。

图 2-9

在编辑图像的过程中，按 Ctrl+Space 组合键，可将当前的工具暂时切换到放大镜工具，在视图中单击并向右侧拖动鼠标，可放大图像。

知识点拨

Illustrator 不同于 Photoshop，将窗口脱离工作区后，按 Ctrl+0 组合键或按 Ctrl+1 组合键时，窗口大小不会改变，只改变图像的显示大小。如图 2-10 所示为按 Ctrl+0 组合键效果。

图 2-10

2.3.2 裁剪图像

选择"裁剪工具" 口，在图像中拖动得到矩形区域，这块区域的周围会变暗，以显示出被裁剪的区域。矩形区域的内部代表裁剪后图像保留的部分。裁剪框的周围有 8 个控制点，利用它可以对这个框进行移动、缩小、放大和旋转等调整，按 Enter 键即可应用裁剪，如图 2-11、图 2-12 所示。

图 2-11

图 2-12

2.3.3 图像的恢复操作

在处理图像的过程中，若对效果不满意或出现操作错误，可使用软件提供的恢复功能来解决这类问题。

Photoshop 和 Illustrator 两个软件都可以执行"编辑"|"后退一步"命令，或按 Ctrl+Z 组合键恢复到上一步操作；若需要恢复的步骤较多，可连续按 Ctrl+Z 组合键。

Photoshop 可以执行"窗口"|"历史记录"命令，弹出"历史记录"面板，在历史记录列表中找到需要恢复到的操作步骤，单击鼠标即可恢复到任意操作步骤，如图 2-13、图 2-14 所示。

图 2-13

图 2-14

2.4 辅助工具的使用

Photoshop 和 Illustrator 提供了多种用于测量和定位的辅助工具，如标尺、网格和参考线等。这些辅助工具对图像的编辑不起任何作用，但使用它们可以更加精确地处理图像。

■ 2.4.1 标尺

执行"视图"|"标尺"命令，或按Ctrl+R组合键，在图像编辑窗口的上边缘和左边缘即可出现标尺，用鼠标右击标尺即可设置或更改单位。单击左上角标尺相交的位置▣，按住不放向下拖动，会出现两条十字交叉的虚线，松开鼠标，可更改新的零点位置，如图2-15、图2-16所示。双击左上角标尺相交的位置▣，可恢复到原始状态。

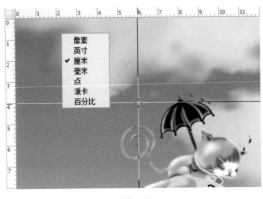

图2-15　　　　　　　　　　　　　　　　　　图2-16

■ 2.4.2 参考线

执行"视图"|"显示"|"参考线"命令，在标尺显示的状态下，分别在水平标尺和垂直标尺处按住鼠标左键并向内拖动，即可拖出参考线，如图2-17所示。使用"选择工具"可以调整参考线，如图2-18所示。

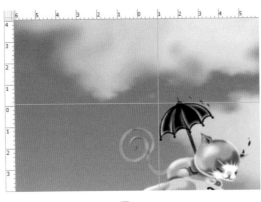
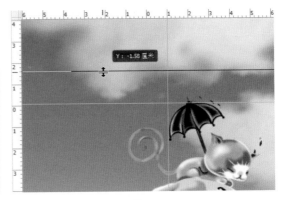

图2-17　　　　　　　　　　　　　　　　　　图2-18

■ 2.4.3 网格

执行"视图"|"显示"|"网格"命令，或按Ctrl+' '组合键即可在页面中显示网格，如图2-19所示。当再次执行该命令时，将取消网格的显示。

执行"编辑"|"首选项"|"参考线、网格和切片"命令，在打开的"首选项"对话框中可以设置网格的颜色、样式等属性。

图 2-19

2.5 图形的绘制

Photoshop 和 Illustrator 对于图形的绘制操作大致差不多，都可以分为几何图形工具、钢笔工具、画笔和铅笔工具。

■ 2.5.1 基础几何图形工具

几何图形工具主要分为矩形、圆角矩形、椭圆、多边形、自定义形状和星形。其中自定义形状工具是 Photoshop 特有的。

1. 矩形工具

选择"矩形工具"，移动鼠标指针至图像窗口中拖动即可绘制矩形，或单击，弹出"创建矩形"对话框，在其中设置参数，如图 2-20 所示。按住 Shift 键可以绘制出正方形，如图 2-21 所示；按住 Alt 键可以以鼠标指针为中心绘制矩形；按住 Shift+Alt 组合键，可以以鼠标指针为中心绘制正方形。

图 2-20

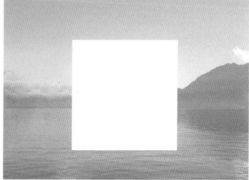

图 2-21

2. 圆角矩形工具

"圆角矩形工具"可以绘制带有一定弧度圆角的图形，如图 2-22 所示。按住 Shift 键可以绘制出圆角正方形，如图2-23所示；按住 Alt 键，可以以鼠标指针为中心绘制圆角矩形；按住 Shift+Alt 组合键，可以以鼠标指针为中心绘制圆角正方形。

图 2-22　　　　　　　　　　　　　　　　　　图 2-23

3. 椭圆工具

"椭圆工具"可以绘制椭圆形和正圆形。按住 Shift 键，可以绘制正圆形，如图2-24、图2-25 所示。

图 2-24　　　　　　　　　　　　　　　　　　图 2-25

4. 多边形工具

"多边形工具"可以绘制出正多边形（最少为 3 边）和星形。在其打开的对话框中可对绘制图形的边数进行设置，如图 2-26 所示；若要绘制星形，可以单击属性栏中的 ✿ 按钮，在弹出的扩展菜单中选中"星形"，如图 2-27 所示。

图 2-26　　　　　　　　　　　　　　　　　　图 2-27

5. 自定义形状工具

"自定义形状工具"可以绘制出系统自带的不同形状。单击属性栏中的 ∨ 按钮，在弹出的扩展菜单中，单击 ✿ 按钮，选择"全部"命令，可以将预设的所有形状加载到"自定形状"面板中，如图 2-28 所示。

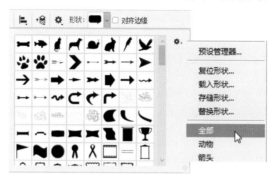

图 2-28

6. 星形工具

不同于 Photoshop 绘制星形的方法，Illustrator 可以直接选择"星形工具"绘制不同角数的星形图形，单击，弹出"创建星形"对话框，可以在该对话框中设置参数。在绘制星形的过程中按住 Alt 键，可以绘制旋转的正星形，如图 2-29 所示；按住 Alt+Shift 组合键，可以绘制不旋转的正星形。绘制完成后按住 Ctrl 键或使用"直接选择工具"拖动控制点，可以调整星形角的度数，如图 2-30 所示。

图 2-29

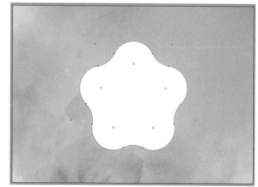

图 2-30

■ 2.5.2 路径工具组

绘制和编辑路径的主要工具是钢笔工具。Photoshop 和 Illustrator 的路径工具都包括钢笔工具、添加锚点工具、删除锚点工具、转换点工具（锚点工具）。不同的是，Photoshop 有自由钢笔工具和弯度钢笔工具，Illustrator 则有曲率工具。

1. 钢笔工具

"钢笔工具" ✒ 可以通过单击和单击并拖动鼠标来绘制路径。若绘制路径，可在属性栏的"选择工具模式"下拉列表中选择 路径 ∨ 选项，如图 2-31 所示；若是建立带矢量蒙版的形状图层，则应选择 形状 ∨ 选项，如图 2-32 所示。

图 2-31　　　　　　　　　　　　　　　　　　图 2-32

在使用"钢笔工具"绘制路径的过程中：

◎ 在确定第 2 个锚点时按住 Shift 键单击，可以将该锚点控制在前一锚点的水平方向、垂直方向或斜向 45°的方向上。

◎ 按 Delete 键可删除上一个添加的锚点，按 Delete 键两次可删除整条路径，按 Delete 键 3 次则可删除所有显示的路径。

◎ 按住 Ctrl 键可切换至"直接选择工具"，按住 Alt 键可切换至"转换点工具"。

2. 添加与删除锚点工具

"添加锚点工具" 可以为已经创建的路径添加锚点。选择"添加锚点工具"后，移动光标在路径上没有锚点的位置单击，即可在路径上添加一个锚点，如图 2-33 所示。

"删除锚点工具" 可以从路径中删除锚点。选择"删除锚点工具"后，移动光标至锚点上单击，即可删除一个锚点，如图 2-34 所示。

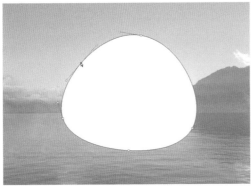

图 2-33　　　　　　　　　　　　　　　　　　图 2-34

3. 转换点工具（锚点工具）

Photoshop 中的"转换点工具" 和 Illustrator 中的"锚点工具"属于同一个工具，都可以将路径在尖角和平滑之间进行转换，具体有以下几种方式。

◎ 若要将锚点转换为平滑点，在锚点上按住鼠标左键不放并拖动，会出现锚点的控制柄，拖动控制柄即可调整曲线的形状，如图 2-35、图 2-36 所示。

| 图 2-35 | 图 2-36 |

◎ 若要将平滑点转化成没有方向线的角点，只要单击平滑点即可，如图 2-37 所示。
◎ 若要将平滑点转换为独立方向线的角点，要使方向线出现，调整任意控制柄，如图 2-38 所示。

| 图 2-37 | 图 2-38 |

4. 自由钢笔工具

"自由钢笔工具" 以手绘的方式创建路径，在绘制路径的过程中，系统会自动根据曲线的走向添加适当的锚点和设置曲线的平滑度，如图 2-39、图 2-40 所示。

| 图 2-39 | 图 2-40 |

5. 弯度钢笔工具

"弯度钢笔工具" 可以轻松绘制平滑曲线和直线段。在使用的时候，无须切换工具就能创建、切换、编辑、添加或删除平滑点及角点。

使用"弯度钢笔工具"单击以确定起始点，绘制第二个点成为直线段，绘制第三个点则三点形成一条连接的曲线，如图2-41所示；闭合路径后，将鼠标指针移到锚点上出现时，可随意移动锚点位置，如图2-42所示。

图2-41　　　　　　　　　　　　　图2-42

6. 曲率工具

"曲率工具"可简化路径创建，轻松绘制出光滑、精确的曲线。和"弯度钢笔工具"原理类似，选择"曲率工具"单击两点后移动光标位置，直线转变为曲线，如图2-43、图2-44所示；闭合路径后，按住鼠标左键拖动锚点可调整图形的形状位置。

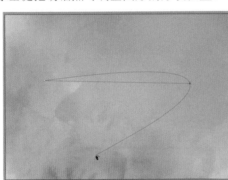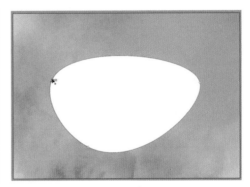

图2-43　　　　　　　　　　　　　图2-44

■ 2.5.3　画笔工具

"画笔工具"可以绘制自由路径，也可以添加笔刷，丰富画面效果。

"画笔工具"默认使用前景色进行绘制，选择"画笔工具"绘图之前，应选择所需的画笔笔尖形状和大小，并设置"不透明度""流量"等参数。

在Photoshop中提供了许多常用的预设画笔。打开画笔预设下拉列表，拖动滚动条即可浏览、选择所需的预设画笔，如图2-45所示。在预设下拉列表框中可以设置画笔的"大小"（画笔的粗细）和"硬度"（画笔边缘的柔和程度）。单击按钮，在弹出的菜单中可以进行添加、新建、编辑画笔等操作。

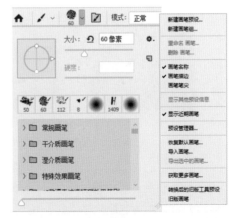

图2-45

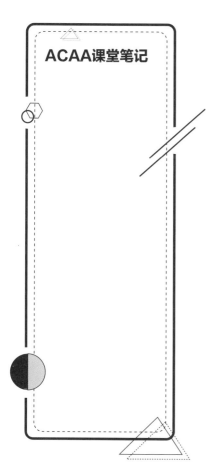

在 Illustrator 中选择"画笔工具"，在属性栏的"画笔定义"下拉列表中框中选择一种画笔，将光标移动到绘图区拖动鼠标即可创建指定的画笔路径。执行"窗口"|"画笔"命令或按 F5 键，弹出"画笔"面板，如图 2-46 所示。单击"画笔"面板底部的"画笔库菜单"按钮 **III.** ，在弹出的菜单中可选择相应画笔，如图 2-47 所示。

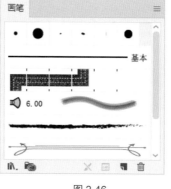

图 2-46　　　　　　　　　　图 2-47

知识点拨

使用快捷键可调整画笔的粗细，按 [键可细化画笔，按] 键可加粗画笔。设置画笔硬度，可以按 Shift+[组合键减小画笔硬度，按 Shift+] 组合键增加画笔硬度。

2.5.4　铅笔工具组

在 Photoshop 中，"铅笔工具"可以绘制出硬边缘的效果，特别是绘制斜线时，锯齿效果会非常明显，并且所有定义的外形光滑的笔刷也会被锯齿化，如图 2-48、图 2-49 所示。

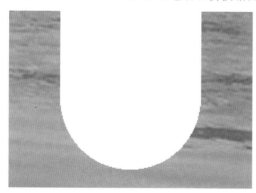

图 2-48　　　　　　　　　　　　　　图 2-49

在 Illustrator 中，"铅笔工具"可绘制开放路径和闭合路径，快速素描或创建手绘外观，如图 2-50 所示；也可以对绘制好的图像进行调整。按住 Shift 键可以绘制水平、垂直、斜 45° 角的线，如图 2-51 所示。

图 2-50

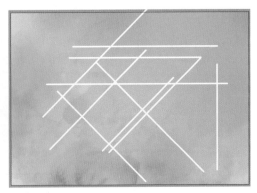
图 2-51

图形的填充

在 Photoshop 中，可以通过"渐变工具"和"油漆桶工具"进行填色。在 Illustrator 则多了一个"实时上色工具"和"网格工具"。

■ 2.6.1 渐变填充

选择"渐变工具"，在属性栏中选择合适的渐变类型后，在图像窗口或选区中拖动，即可创建对应的渐变效果。按住 Shift 键拖动"渐变工具"，将限制拖动角度为 45°的倍数。

1. 在 Photoshop 中的应用

在 Photoshop 中渐变类型共有 5 种形式，包括"线性渐变""径向渐变""角度渐变""对称渐变"以及"菱形渐变"。创建渐变的方法主要有三种。

◎ 选择"渐变工具"，在属性栏中设置，在图像窗口或选区内拖动应用；

◎ 添加"图层样式"；

◎ 设置"渐变"调整图层。

若要创建自定义的渐变样式，采用以上任意一个方式，弹出"渐变编辑器"对话框，如图 2-52 所示。

（1）更改渐变颜色。

首先单击渐变条中的色标，色标上面的三角形变为黑色，表示该色标为当前选择状态。此时再次单击"颜色"图标右侧的色

图 2-52

块，弹出"拾色器（色标颜色）"对话框，可设置色标的颜色。也可以直接双击对应的色标，弹出"拾色器（色标颜色）"对话框进行设置。选中需要设置颜色的色标后，移动光标至"色板"面板、渐变条或图像窗口中时，光标将显示为吸管形状，此时单击鼠标即可将光标位置的颜色设置为色标的颜色。

（2）设置多色渐变。

单击渐变条的下方，即可在渐变条中添加色标，并可以为每个色标设置不同的颜色，以丰富渐

变效果。若需要删除某个色标，可在选中该色标后，单击颜色列表框右侧的"删除"按钮，或直接将色标拖离渐变条。

（3）设置透明渐变。

如果需要给渐变添加透明效果，可在渐变条对应位置上方单击，添加不透明度色标，然后通过更改"不透明度"参数进行调整。

（4）移动渐变色位置。

选中渐变色标，按住鼠标拖动，或者在"位置"参数栏中输入一个数值，可以确定色标的位置。

（5）设置杂色渐变。

选择"渐变编辑器"对话框的"渐变类型"下拉列表框中的"杂色"选项，即可得到杂色渐变，单击"随机化"按钮可以生成其他杂色渐变。

（6）更改预设的渐变。

在编辑渐变之前，可从"预设"列表框中选择一个渐变，也可在此基础上进行编辑。

（7）保存自定义渐变。

完成渐变颜色的设置后，在"名称"文本框中输入渐变名称，然后单击"新建"按钮，即可将渐变条中的渐变样式添加到"预设"列表框中。单击"确定"按钮退出渐变编辑器，就完成了自定义渐变的创建。

2. 在 Illustrator 中的应用

在 Illustrator 中的渐变类型则包括"线性渐变""径向渐变"以及"任意形状渐变"。创建渐变的方法主要是使用"渐变"面板。

接下来主要对渐变的类型进行介绍。

（1）线性渐变。

可以以直线方式从不同方向创建起点到终点的渐变，如图 2-53 所示。

（2）径向渐变。

可以以圆形的方式创建起点到终点的渐变，如图 2-54 所示。

图 2-53

图 2-54

（3）角度渐变。

可以创建围绕起点以逆时针方向扫描的渐变，如图 2-55 所示。

（4）对称渐变。

可以使用均衡的线性渐变在起点的任意一侧创建渐变，如图 2-56 所示。

图 2-55 图 2-56

（5）菱形渐变。

以菱形方式从起点向外产生渐变，终点定义菱形的一个角，如图 2-57 所示。

（6）任意形状渐变。

可在某个形状内使色标形成逐渐过渡的混合，可以是有序混合，也可以是随意混合，混合看起来很平滑、自然，如图 2-58 所示。

在"渐变"面板中，"点"模式可在色标周围区域添加阴影，"线条"模式可在线条周围区域添加阴影。

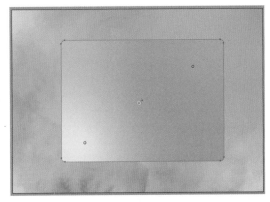

图 2-57 图 2-58

■ 2.6.2　吸管工具与油漆桶工具

在 Photoshop 中，"吸管工具"和"油漆桶工具"是相互搭配使用的。"吸管工具"主要是对颜色进行取样，"油漆桶工具"对取样的颜色进行应用。在 Illustrator 中，"吸管工具"是独立存在的。

1. 在 Photoshop 中的应用

Photoshop 中的"吸管工具"可以选择图像区域的颜色，单击颜色取样，取样的颜色为前景色，如图 2-59 所示。选择"油漆桶工具"，在目标对象中单击，应用颜色，如图 2-60 所示（形状图层和智能图形图层必须栅格化之后才可应用工具）。

图 2-59　　　　　　　　　　　　　　　　图 2-60

2. 在 Illustrator 中的应用

　　Illustrator 中的"吸管工具"不仅可以吸取颜色，还可以吸取对象的属性，并赋予到其他矢量对象上。

　　选择需要被赋予的图形后，单击"吸管工具"，按住 Shift 键单击目标对象，即可拾取填充颜色，如图 2-61 所示；单击"吸管工具"，将光标移动到目标对象处，即可为其添加相同的属性，如图 2-62 所示。

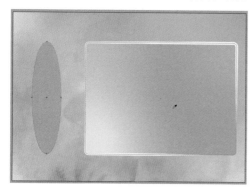

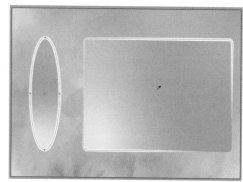

图 2-61　　　　　　　　　　　　　　　　图 2-62

■ 2.6.3　实时上色工具

　　Illustrator 中的"实时上色工具"是一种智能填充方式，可以任意对图形进行着色，就像对画布或纸上的图形进行着色一样。可以使用不同颜色为每个路径段描边，并使用不同的颜色、图案或渐变填充每个路径。

　　绘制两个图形，执行"对象"|"实时上色"|"建立"命令，设置填充颜色，单击"实时上色工具"即可应用，如图 2-63、图 2-64 所示。

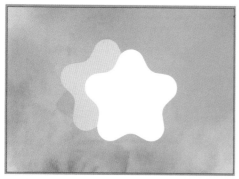

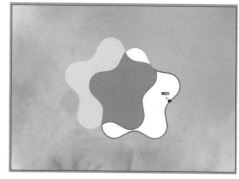

图 2-63　　　　　　　　　　　　　　　　图 2-64

单击属性栏中的"扩展"按钮，右击鼠标，在弹出的快捷菜单中选择"取消编组"命令后，该图形将会变成由单独的填充和描边路径所组成的对象，如图 2-65、图 2-66 所示。

图 2-65

图 2-66

■ 2.6.4 网格工具

Illustrator 中的"网格工具"不仅可以进行复杂的颜色设置，还可以更改图形的轮廓状态。"网格工具"主要在图像上创建网格，设置网格点上的颜色，可以沿不同方向顺畅分布且从一点平滑过渡到另一点。通过移动和编辑网格线上的点，可以更改颜色的变化强度，或者更改对象上的着色区域范围。

选中目标图形，选择"网格工具"，当光标变为 形状时，在图形中单击即可增加网格点，如图 2-67 所示。单击网格点，在工具箱中可设置填充颜色，如图 2-68 所示。

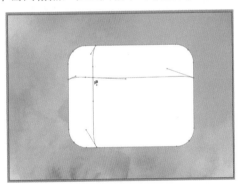
图 2-67

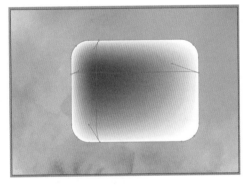
图 2-68

选择"网格工具"，将光标移至网格点，单击并拖动即可调整网格点所处的位置，如图 2-69 所示。除了设置颜色，还可以在属性栏中调整网格点的不透明度，如图 2-70 所示。

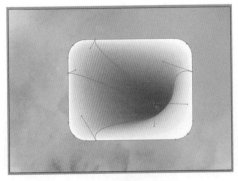
图 2-69

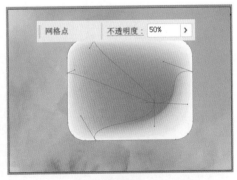
图 2-70

2.7 对象的编辑

若绘制的元素过多，可以对其进行编组、锁定和隐藏，可使用"图层"面板进行编辑处理；使用剪贴蒙版功能可以控制位图和矢量图的内容显示；图像描摹功能可以快速地使位图变为矢量图。Photoshop 中的"图层样式"功能和 Illustrator 中的"图形样式"功能都可赋予图形对象新的效果。

■ 2.7.1 "图层"面板

1. 在 Photoshop 中的应用

图层可以说是设计软件的核心，对图层的编辑基本上都可以在"图层"面板中完成。在 Photoshop 中执行"窗口"|"图层"命令，弹出"图层"面板，如图 2-71 所示。

图 2-71

在"图层"面板中，各选项的含义介绍如下。

◎ 面板菜单 ▤：单击该图标，可以打开"图层"面板的设置菜单。

◎ 图层滤镜：位于"图层"面板的顶部，显示基于名称、效果、模式、属性或颜色标签的图层的子集。使用过滤选项，可以帮助用户快速地在复杂文档中找到关键层。

◎ 图层的混合模式：选择图层的混合模式。

◎ 图层整体不透明度：设置当前图层的不透明度。

◎ 图层锁定 锁定：⊠ ✁ ✛ ⊞ 🔒：用于对图层进行不同方式的锁定，包括锁定透明像素 ⊠、锁定图像像素 ✁、锁定位置 ✛、防止在画板内外自动嵌套 ⊞ 和锁定全部 🔒。

◎ 图层内部不透明度：可以在当前图层中调整某个区域的不透明度。

◎ 指示图层可见性 👁：用于控制图层显示或者隐藏，不能编辑隐藏状态下的图层。

◎ 图层缩览图：指图层图像的缩小图，方便确定调整的图层。

◎ 图层名称：用于定义图层的名称，若想要更改图层名称，只需双击要重命名的图层，输入名称即可。

◎ 图层按钮组 ㏿ fx ▣ ◕ ▢ 🗑 ⮟：在"图层"面板底端的 7 个按钮分别是链接图层 ㏿、添加图层样式 fx、添加图层蒙版 ▣、创建新的填充或调整图层 ◕、创建新组 ▢、创建新图层 🗗 和删除图层 🗑，它们是图层操作中常用的命令。

2. 在 Illustrator 中的应用

在 Illustrator 中执行"窗口"|"图层"命令，弹出"图层"面板，如图 2-72 所示。

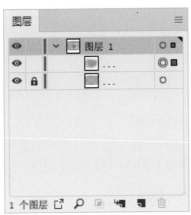

图 2-72

在"图层"面板中，各选项的含义介绍如下。

◎ 可视性 ▢／👁：👁按钮为可见图层，单击该按钮变成 ▢ 按钮，变为隐藏图层。

◎ 锁定标志 🔒：单击图层名称前的空白处即锁定图层。锁定后禁止对图层进行更改。

◎ 收集以导出 ⌐⌐：单击该按钮，弹出"资源导出"面板，在该面板中设置参数，导出为 png 格式的图片。

◎ 定位对象 🔍：单击该按钮，可以快速定位该图层对象所在的位置。

◎ 建立／释放剪贴蒙版 ▣：单击该按钮，可将当前图层创建为蒙版，或将蒙版恢复到原来状态。

◎ 创建新子图层 🡒：单击该按钮，为当前图层创建新的子图层。

◎ 创建新图层 ▥：单击该按钮，创建新图层。

◎ 删除所选图层 🗑：单击该按钮，删除所选图层。

■ 2.7.2 图层样式与图形样式

为图层添加新的样式效果，Photoshop 在"图层样式"对话框中完成，Illustrator 在"图形样式"面板中完成。

1. 在 Photoshop 中的应用——图层样式

使用图层样式，可以为图层添加投影、内发光、外发光、斜面和浮雕、光泽、颜色叠加等效果，并且可以随时对这些效果的参数进行重新设置。应用图层样式，大致有三种方式。

（1）单击"图层"面板底部的"添加图层样式"按钮，从弹出的下拉菜单中任意选择一种样式，打开"图层样式"对话框，如图 2-73 所示。

ACAA课堂笔记

（2）执行"图层"|"图层样式"下拉菜单中的样式命令，打开"图层样式"对话框，进入相应效果的设置面板。

（3）双击需要添加图层样式的图层缩览图，也可以打开"图层样式"对话框。

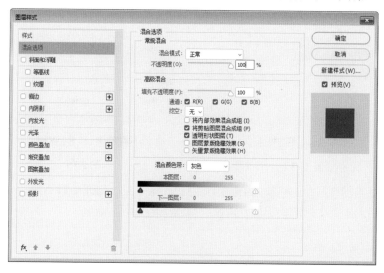

图 2-73

在"图层样式"对话框中，各主要选项的含义介绍如下。

◎ 样式：预设好的图层样式，单击选中即可应用。

◎ 混合选项："混合选项"分为"常规混合""高级混合"和"混合颜色带"。可以设置图层的混合模式、不透明度等参数。

◎ 斜面和浮雕：增加图像边缘的明暗度，并增加不同角度的投影来使图像产生不同的立体感，如图 2-74 所示。

◎ 等高线：为图层对象添加不同的等高线，得到特殊浮雕效果，如图 2-75 所示。

◎ 纹理：可以使图层对象具有纹理效果，如图 2-76 所示。

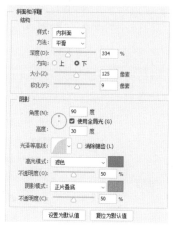

图 2-74

图 2-75

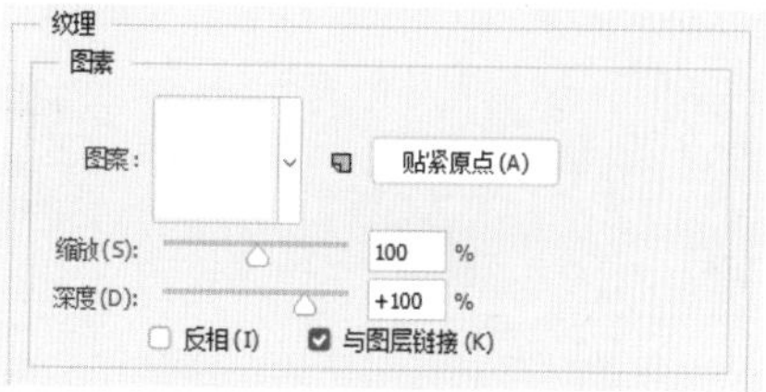

图 2-76

◎ 描边：在当前图层中的对象的边界处描绘上一定宽度的颜色，如图 2-77 所示。

◎ 内阴影：在当前图层中的对象内边缘添加阴影效果，如图 2-78 所示。

图 2-77

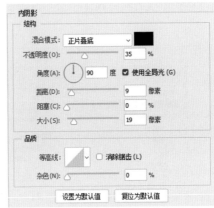

图 2-78

◎ 内发光：在当前图层中的对象内侧显示渐隐的光晕效果，如图 2-79 所示。

◎ 光泽：使当前图层中的对象呈现光泽感，如图 2-80 所示。

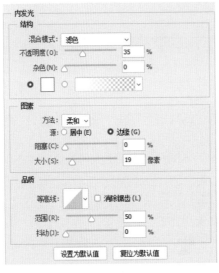

图 2-79

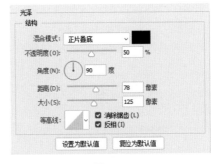

图 2-80

◎ 颜色叠加：为当前图层中的图像添加自定义的颜色叠加效果，如图 2-81 所示。

◎ 渐变叠加：为当前图层中的图像添加自定义的渐变叠加效果，如图 2-82 所示。

◎ 图案叠加：为当前图层中的图像添加自定义的图案叠加效果，如图 2-83 所示。

图 2-81

图 2-82

图 2-83

◎ 外发光：在当前图层中的对象外边缘显示渐隐的光晕效果，如图 2-84 所示。

◎ 投影：模拟光直射在对象上产生的阴影，如图 2-85 所示。

图 2-84

图 2-85

2. 在 Illustrator 中的应用——图形样式

在 Illustrator 中执行"窗口"|"图形样式"命令,弹出"图形样式"面板,如图 2-86 所示。

图 2-86

选中图形对象,在"图形样式"面板中单击"图形样式库菜单"按钮,弹出的下拉菜单如图 2-87 所示。在菜单中任选一个选项,即可打开该选项的面板,例如:选择"艺术效果"选项,打开"艺术效果"面板,在面板中选择一个效果样本即可应用,如图 2-88 所示。

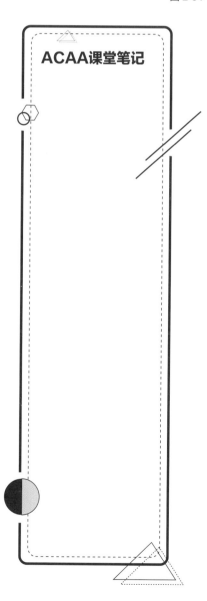

ACAA课堂笔记

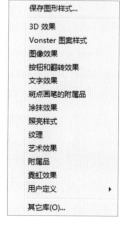

图 2-87

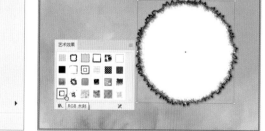

图 2-88

■ 2.7.3　图层的对齐与分布

　　在编辑图像过程中，常常需要将多个图层进行对齐或分布排列。对齐图层是指将两个或两个以上图层按一定规律进行对齐排列，以当前图层或选区为基础，在相应方向上对齐。执行"图层"|"对齐"命令，在弹出的菜单中选择相应的对齐方式即可，如图 2-89 所示。

图 2-89

　　分布图层是指将 3 个以上图层按一定规律在图像窗口中进行分布。在"图层"面板中选择图层后执行"图层"|"分布"命令，在弹出的菜单中选择所需的分布方式即可，如图 2-90 所示。

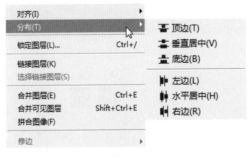

图 2-90

> **知识点拨**
>
> 　　选择"移动工具"，在属性栏中提供了一组对齐按钮 ▜ ▐ ▙ ▌ ▐ ▛ 和一组分布按钮 ▛ ▚ ▙ ▐ ▌ ▐ ，选择需要调整的图层后即可激活这些按钮，单击相应的按钮即可快速对图像进行对齐和分布操作。

> **知识点拨**
>
> 　　在 Illustrator 中，执行"窗口"|"对齐"命令，可以在弹出的"对齐"面板中进行设置，如图 2-91 所示。
>
>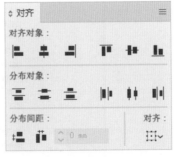
>
> 图 2-91

图像描摹是 Illustrator 中的功能，可以将位图变为矢量图，转换后的矢量图需要"扩展"，才可以进行路径的编辑。置入位图图像，单击属性栏中的"图像描摹"按钮，或执行"对象"|"图像描摹"命令，即可进行默认描摹图像的操作，如图 2-92、图 2-93 所示。

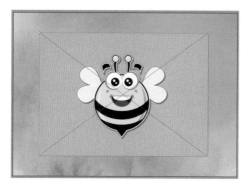
图 2-92

图 2-93

若要对描摹过的图像进行调整，需单击属性栏中的"扩展"按钮，右击鼠标，在弹出的快捷菜单中选择"取消编组"命令，删除多余部分即可，如图 2-94、图 2-95 所示。

图 2-94

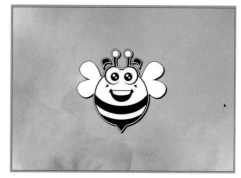
图 2-95

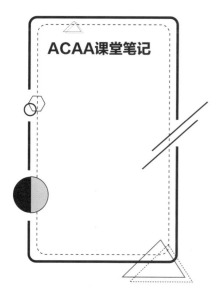
ACAA课堂笔记

■ 2.7.5 "外观"面板

使用"外观"面板可以更改 Illustrator 中的任何对象、组或图层的外观。"外观"面板是使用外观属性的入口。

执行"窗口"|"外观"命令，弹出"外观"面板，如图 2-96 所示。在面板中查看和调整对象、组或图层的外观属性，各种效果将按其在图稿中的应用顺序从上到下排列。

图 2-96

1. 为对象添加效果

单击"外观"面板底部的"添加新效果"按钮 *fx.*，在弹出的菜单中可以应用某一效果，如图2-97、图2-98所示。

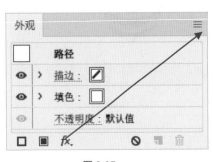

图2-97

图2-98

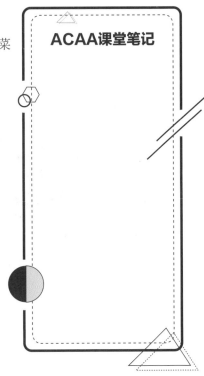

2. 编辑已有效果

在"外观"面板中显示了应用的描边、填色以及效果等内容。若要更改对象的填充和描边，只需单击 ☑ 按钮，在其下拉列表框中选择颜色；在颜色后面的下拉列表框 ⬍ 0 pt ⬇ 中可以调整描边参数；更改填色可以进行同样的操作，如图2-99、图2-100所示。

图2-99

图2-100

单击效果名称，可直接重新打开相应效果对话框，如图2-101、图2-102所示。

图2-101

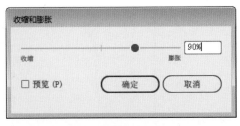

图2-102

Adobe Photoshop CC+Illustrator CC 数字插画设计课堂实录

3. 清除外观

单击"面板菜单"按钮 ☰ , 在弹出的菜单中选择"清除外观"选项, 可以清除应用的所有效果, 如图 2-103、图 2-104 所示。

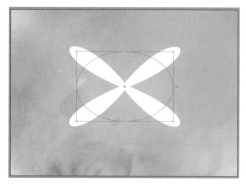

图 2-103

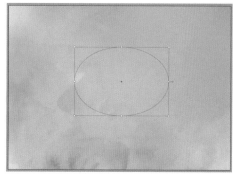

图 2-104

知识点拨

若要在"外观"面板中删除效果, 只需拖动效果至"删除所选项目"按钮 🗑 即可。

2.8 文本的应用

Photoshop 与 Illustrator 中的关于文本的应用都可以分为三大类, 一是文字工具组, 二是"字符"与"段落"面板, 三是关于文本的编辑。

2.8.1 文字工具组

在 Photoshop 中, 文字工具组包括文字工具和文字蒙版工具; Illustrator 中的文字工具则分为文字工具、区域文字工具、路径文字工具、修饰文字工具, 除了修饰文字工具, 其他的分类都包括横排和直排。

1. 文字工具

文字工具分为"横排文字工具"和"直排文字工具"。"横排文字工具" **T** 是最基本的文字类工具之一, 用于一般横排文字的处理, 输入方式从左至右, 如图 2-105 所示。"直排文字工具" **↓T** 用于直排式排列方式, 输入方向由上至下, 如图 2-106 所示。

图 2-105

图 2-106

若要创建段落文字，可以使用"文字工具"拖动鼠标，绘制一个文本框，如图 2-107 所示。输入文字后即可，如图 2-108 所示。文本框里面的文字可以自动换行。

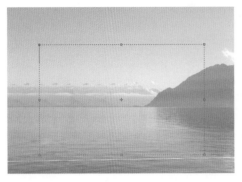

图 2-107   图 2-108

知识点拨

单击属性栏中的"更改文本方向"按钮，可以实现文字横排和直排之间的转换。

2. 文字蒙版工具

文字蒙版工具分为"直排文字蒙版工具"和"横排文字蒙版工具"。"直排文字蒙版工具" 可创建出竖排的文字选区，使用该工具时图像上会出现一层红色蒙版，单击"确定"按钮之后变为文字选区，如图 2-109、图 2-110 所示。"横排文字蒙版工具" 与"直排文字蒙版工具" 效果一样，只是创建出横排文字选区。

图 2-109   图 2-110

3. 区域文字工具

区域文字工具分为"区域文字工具"和"直排区域文字工具"。"区域文字工具" 和段落文字类似，都是在一个区域内进行编辑输入文字，不同的是"区域文字工具"的外框可以是任何图形。

绘制一个闭合路径，选择"区域文字工具"，将光标移动到路径的边线上，在路径图形对象上单击，原始路径将不再具有描边或填充的属性，图形对象转换为文本路径。输入文字，效果如图 2-111 所示。

"直排区域文字工具" 和"区域文字工具"使用方法一样，区别为"直排区域文字工具"输入的文字是由右向左垂直排列，如图 2-112 所示。

图 2-111　　　　　　　　　　　　　图 2-112

4. 路径文字工具

路径文字工具分为"路径文字工具"和"直排路径文字工具"。"路径文字工具" 可以沿开放或闭合路径的边缘输入排列文字。绘制一个路径，选择"路径文字工具"，将光标放置在曲线路径的边缘处单击，路径转换为文本路径，原始路径将不再具有描边或填充的属性，此时即可输入文字。输入的文字将按照路径排列，文字的基线与路径是平行的，如图 2-113、图 2-114 所示。选择"直排路径文字工具" ，输入的文字是由右向左垂直排列。

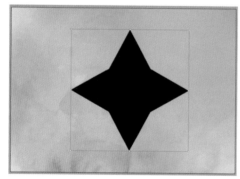

图 2-113

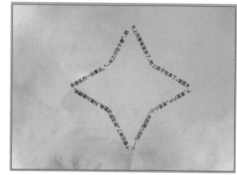

图 2-114

在 Photoshop 中，若要得到此效果，可以选择"钢笔工具"，在属性栏中选择"路径"选项，在图像中绘制路径。选择"横排文字工具"，将鼠标指针移至路径上方，当光标变为 形状时，在路径上单击鼠标，此时光标会自动吸附到路径上，即可输入文字，按 Ctrl+Enter 组合键确认，按 Ctrl+D 组合键取消选区，即可得到路径绕排文字效果，如图 2-115、图 2-116 所示。

图 2-115

图 2-116

5. 修饰文字工具

"修饰文字工具" ⬚ 可以在保持文字属性的状态下对单个字符进行移动、旋转和缩放等操作。选择"文字工具"输入文字，选择"修饰文字工具"在字符上单击即可显示定界框。

将光标放至左上角的控制点上，按住鼠标上下或左右拖动可将字符沿垂直或水平方向缩放；将光标放至右上角的控制点上，可以等比例缩放字符；将光标放至顶端的控制点上，可以旋转字符；拖动定界框或左下角控制点，可以自由移动字符。如图 2-117、图 2-118 所示为等比例缩放字符和自由移动字符效果。

图 2-117

图 2-118

■ 2.8.2 "字符"与"段落"面板

1. 在 Photoshop 中的应用

在 Photoshop 中，使用"文字工具"时在属性栏中单击"切换字符和段落面板"按钮▤，或者执行"窗口"|"字符"命令即可弹出"字符"面板，如图 2-119 所示。在该面板中除了包括常见的字体系列、字体样式、字体大小、文字颜色和消除锯齿等设置，还包括行间距、字距等常见设置。

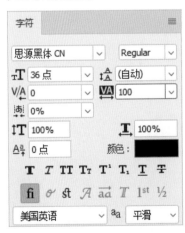

图 2-119

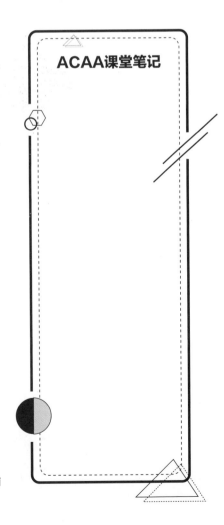

ACAA课堂笔记

在"字符"面板中，各选项的含义介绍如下。

◎ 字体大小 ⊤：在该下拉列表框中选择预设数值，或者输入自定义数值，即可更改字符大小。

◎ 设置行距 ：用于设置输入文字行与行之间的距离。

◎ 字距微调 ：用于设置两个字符之间的字距微调。在设置时，将光标插入两个字符之间，在数值框中输入所需的字距微调数量。输入正值时，字距扩大；输入负值时，字距缩小。

◎ 字距调整 ：用于设置文字的字符间距。输入正值时，字距扩大；输入负值时，字距缩小。

◎ 比例间距 ：用于设置文字字符间的比例间距，数值越大，则字距越小。

◎ 垂直缩放 ：用于设置文字垂直方向上的缩放大小，即调整文字的高度。

◎ 水平缩放 ：用于设置文字水平方向上的缩放大小，即调整文字的宽度。

◎ 基线偏移 ：用于设置文字与文字基线之间的距离。输入正值时，文字会上移；输入负值时，文字会下移。

◎ 颜色：单击色块，在弹出的拾色器中选取字符颜色。

◎ 文字效果按钮组 T T TT Tr T¹ Tₗ T T：设置文字的效果，依次是仿粗体、仿斜体、全部大写字母、小型大写字母、上标、下标、下划线和删除线。

◎ Open Type 功能组 fi ℰ st 𝒜 ad T 1ˢᵗ ½：依次是标准连字、上下文替代字、自由连字、花饰字、替代样式、标题代替字、序数字、分数字。

◎ 语言设置 美国英语 ⌄：用于设置文本连字符和拼写的语言类型。

◎ 设置消除锯齿的方法 aa │ 锐利 ⌄：用于设置消除文字锯齿的模式。

设置段落格式包括设置文字的对齐方式和缩进方式等，不同的段落格式具有不同的文字效果。段落格式的设置主要通过"段落"面板来实现，执行"窗口"|"段落"命令，弹出"段落"面板，如图 2-120 所示。在面板中单击相应的按钮或输入数值，即可对文字的段落格式进行调整。

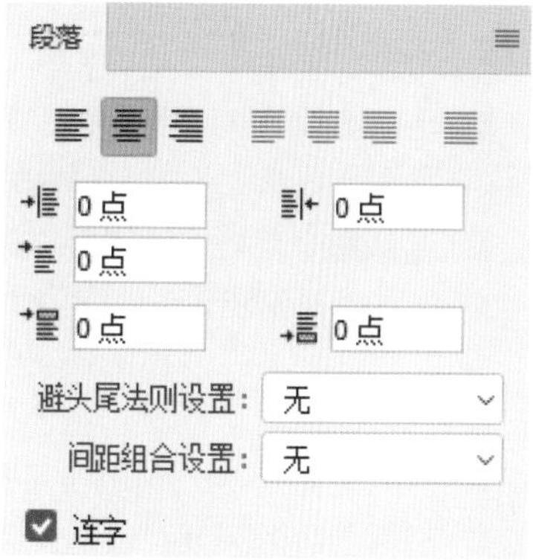

在"段落"面板中，各选项的含义介绍如下。

◎ 对齐方式按钮组 ≣ ≣ ≣ ≣ ≣ ≣ ≣：从左到右依次为"左对齐文本""居中对齐文本""右对齐文本""最后一行左对齐""最后一行居中对齐""最后一行右对齐""全部对齐"。

图 2-120

◎ 缩进方式按钮组：包括"左缩进"按钮 (段落的左边距离文字区域左边界的距离)、"右缩进"按钮 (段落的右边距离文字区域右边界的距离)、"首行缩进"按钮 (每一段的第一行留空或超前的距离)。

◎ 添加空格按钮组：包括"段前添加空格"按钮 (设置当前段落与上一段的距离)、"段后添加空格"按钮 (设置当前段落与下一段落的距离)。

◎ 避头尾法则设置 避头尾法则设置：无 ⌄：避头尾字符是指不能出现在每行开头或结尾的字符。Photoshop 提供了基于标准 JIS 的宽松和严格的避头尾集，宽松的避头尾设置忽略了长元音和小平假名字符。

◎ 间距组合设置 间距组合设置：无 ⌄：用于设置内部字符集间距。

◎ 连字 ☑ 连字：选中该复选框，可将文字的最后一个英文单词拆开，形成连字符号，而剩余的部分则自动换到下一行。

2. 在 Illustrator 中的应用

在 Illustrator 中，使用"文字工具"选中所要设置字符格式的文字，执行"窗口"|"文字"|"字符"命令，或按 Ctrl+T 组合键，弹出"字符"面板，如图 2-121 所示。

图 2-121

在"字符"面板中，各选项的含义介绍如下。

◎ 设置字体系列：在下拉列表中选择一种字体，即可将选中的字体应用到所选的文字中。

◎ 设置字体大小 ᴛᴛ：在下拉列表中选择合适的字体大小，也可以直接输入自定义数值。

◎ 设置行距 ᴵᴬ：设置字符行行之间间距的大小。

◎ 垂直缩放 ᴵᴛ：设置字体的垂直缩放百分比。

◎ 水平缩放 ᴵ：设置字体的水平缩放百分比。

◎ 设置两个字符间的字距微调 ⱽᴬ：设置两个字符间的间距。

◎ 设置所选字符的字距调整 ᴬ：设置所选字符间的间距。

◎ 比例间距 ᴬ：设置所选字符的比例间距。

◎ 插入空格（左）ᴬ：在字符左面插入空格。

◎ 插入空格（右）ᴬ：在字符右面插入空格。

◎ 设置基线偏移 ᴬᵃ：设置文字与文字基线之间的距离。

◎ 字符旋转 ᵀ：设置字符的旋转角度。

◎ TT Tr Tˢ T₁ T F：依次为全部大写字母、小型大写字母、上标、下标、下划线和删除线。

"段落"面板主要用于设置文本段落的属性。执行"窗口"|"文字"|"段落"命令，弹出的"段落"面板如图 2-122 所示。

图 2-122

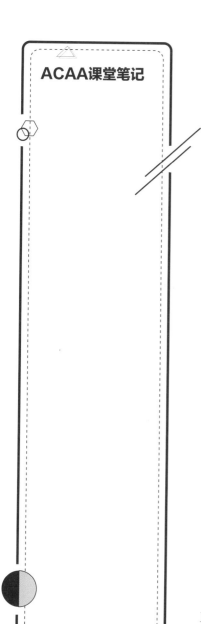

◎ 段落缩进："左缩进""右缩进"设置段落的左、右边缘向内缩进的距离。"首行缩进"设置的参数只应用于段落的首行、左侧缩进。

◎ 段落间距：设置段落之间的距离。"段前间距"与"段后间距"设置所选段落与前一段或后一段之间的距离。

◎ 避头尾集：避头尾用于指定中文或日文文本的换行方式。不能位于行首或行尾的字符被称为避头尾字符。默认情况下，系统默认为"无"，可根据需要选择"严格"或"宽松"避头尾集。

2.8.3 变形文字

Photoshop 和 Illustrator 中都可以制作变形文字，软件提供了 15 种文字的变形样式，分别为扇形、下弧、上弧、拱形、凸起、贝壳、花冠、旗帜、波浪、鱼形、增加、鱼眼、膨胀、挤压和扭转，使用这些样式可以创建多种艺术字体，如图 2-123 所示。

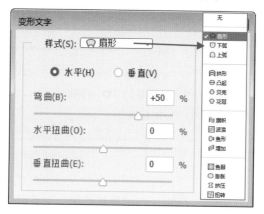

图 2-123

其中，"水平"和"垂直"选项主要用于调整变形文字的方向；"弯曲"选项用于指定对图层应用的变形程度；"水平扭曲"和"垂直扭曲"选项用于对文字应用透视变形。结合"水平"和"垂直"方向上的控制以及弯曲度的协助，可以为图像中的文字增加许多效果。如图 2-124 所示为 Photoshop 中"花冠"样式变形文字效果；如图 2-125 所示为 Illustrator 中"膨胀"样式变形文字效果。

图 2-124

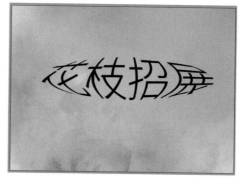

图 2-125

2.9 调整图像的色调

在 Photoshop 中制作图像，当素材图像和照片的色调不符合时，就需要对图像进行色彩与色调上的调整。常用的几个调整命令为色彩平衡、色相 / 饱和度、色阶、曲线、去色以及阈值。

■ 2.9.1 色彩平衡

执行"色彩平衡"命令，可在图像原色的基础上根据需要来添加其他颜色，或通过增加某种颜色的补色，减少该颜色的数量，从而改变图像的色调。

执行"图像"|"调整"|"色彩平衡"命令，或按 Ctrl+B 组合键，弹出"色彩平衡"对话框，从中可以通过设置参数或拖动滑块来控制图像色彩的平衡，如图 2-126 所示。

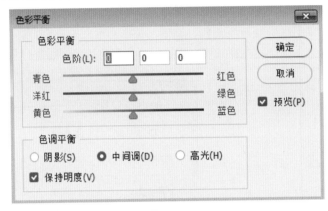

图 2-126

在"色彩平衡"对话框中，各选项的含义分别介绍如下。

◎ "色彩平衡"选项区：在"色阶"后的文本框中输入数值，即可调整组成图像的 6 个不同原色的比例，也可直接拖动文本框下方 3 个滑块的位置来调整图像的色彩。

◎ "色调平衡"选项区：用于选择需要进行调整的色彩范围，包括阴影、中间调和高光。选中某一个单选按钮，就可对相应色调的像素进行调整。选中"保持明度"复选框，调整色彩时将保持图像明度不变。

如图 2-127、图 2-128 所示为使用"色彩平衡"功能前后效果对比。

图 2-127

图 2-128

■ 2.9.2 色相／饱和度

色相／饱和度主要用于调整图像像素的色相及饱和度，通过对图像的色相、饱和度和明度进行调整，从而达到改变图像色彩的目的。通过给像素定义新的色相和饱和度，还可以实现灰度图像上色的功能，或创作单色调效果。

执行"图像"|"调整"|"色相／饱和度"命令或者按 Ctrl+U 组合键，弹出"色相／饱和度"对话框，如图 2-129 所示。

图 2-129

在"色相／饱和度"对话框中，各选项的含义分别介绍如下。

◎ "预设"下拉列表框 预设(E)：默认值 ∨ ✿.：在"预设"下拉列表框中提供了8 种色相／饱和度预设，单击"预设选项"按钮 ✿.，可以对当前设置的参数进行保存，或者载入一个新的预设文件。

◎ "通道"下拉列表框 全图 ∨：在"通道"下拉列表框中提供了 7 种通道，选择通道后，可以拖动下面"色相""饱和度"和"明度"滑块进行调整。选择"全图"选项，可一次性调整整幅图像中的所有颜色。若选择"全图"选项之外的选项，则色彩变化只对当前选中的颜色起作用。

◎ "移动工具" ：在图像上单击并拖动可修改饱和度，按住 Ctrl 键单击可修改色相。

◎ "着色"复选框 □ 着色(O)：选中该复选框后，图像会整体偏向于单一的色调。通过调整色相和饱和度，能让图像呈现多种富有质感的单色调效果。

如图 2-130、图 2-131 所示为使用"色相／饱和度"功能前后效果对比。

图 2-130

图 2-131

■ 2.9.3 色阶

　　色阶是表示图像亮度强弱的指数标准，即色彩指数。图像的色彩丰满度和精细度是由色阶决定的。执行"图像"|"调整"|"色阶"命令或按 Ctrl+L 组合键，弹出"色阶"对话框，如图 2-132 所示。设置通道、输入色阶和输出色阶的参数，可以调整图像的效果。

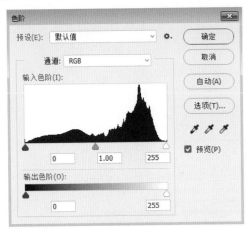

图 2-132

　　在"色阶"对话框中，各选项的含义分别介绍如下。

◎ "预设"下拉列表框 预设(E)： 默认值 ⌄ ✿.：在"预设"下拉列表框中可以选择一种预设的色阶调整选项对图像进行调整；单击"预设选项"按钮 ✿.，可以对当前设置的参数进行保存，或者载入外部的预设调整文件。

◎ "通道"下拉列表框 通道： RGB ：不同颜色模式的图像，在其通道下拉列表中显示相应的通道，可以根据需要调整整体通道或者调整单个通道。

　　如图 2-133、图 2-134 所示为使用"色阶"功能调整红通道前后效果。

图 2-133

图 2-134

■ 2.9.4 曲线

　　曲线是通过调整曲线的斜率和形状来实现对图像色彩、明度和对比度的综合调整，使图像色彩更加协调。执行"图像"|"调整"|"曲线"命令或按 Ctrl + M 组合键，弹出"曲线"对话框，如图 2-135 所示。

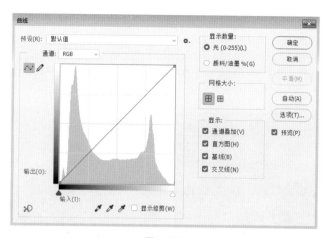

图 2-135

在"曲线"对话框中，各选项的含义分别介绍如下。

◎ "预设"下拉列表框 预设(E)：| 默认值 ∨ | ✿. ：在"预设"下拉列表框中有 9 种预设效果。单击"预设选项"按钮 ✿.，可以对当前设置的参数进行保存，或载入外部的预设调整文件。

◎ "通道"下拉列表框 通道：| RGB ：在"通道"下拉列表框中，可以根据需要调整整体通道或者调整单个通道。如图 2-136、图 2-137 所示为调整红通道的前后效果。

图 2-136

图 2-137

◎ 曲线编辑框：曲线的水平轴表示原始图像的明度，即图像的输入值；垂直轴表示处理后新图像的明度，即图像的输出值；曲线的斜率表示相应像素点的灰度值。在曲线上，单击可创建控制点。

◎ "编辑点以修改曲线"按钮 〰：以拖动曲线上控制点的方式来调整图像。

◎ "通过绘制来修改曲线"按钮 ✎：单击该按钮后，将鼠标指针移动到曲线编辑框中，当光标变为 ✎ 形状时单击并拖动进行绘制，绘制完成后再单击"平滑"按钮 (平滑(M))，对绘制的曲线进行平滑处理。

◎ "在曲线上单击并拖动可修改曲线"按钮 ✋：选择该工具后，将光标放置在图像上，曲线上会出现一个圆圈，表示光标处的色调在曲线上的位置。

知识点拨

调整曲线时，曲线上节点的值显示在"输入"和"输出"栏内。按住 Shift 键可选中多个节点，按住 Ctrl 键单击可删除节点。

■ 2.9.5　去色

　　去色即去掉图像的颜色，将图像中所有颜色的饱和度变为 0，使图像显示为灰度形式，每个像素的明度值不会改变。执行"图像"|"调整"|"去色"命令或按 Shift+Ctrl+U 组合键即可。如图 2-138、图 2-139 所示为图像去色前后对比效果。

图 2-138　　　　　　　　　　　　　　　　　图 2-139

■ 2.9.6　阈值

　　阈值可以将一幅彩色图像或灰度图像转换成只有黑白两种色调的图像。执行"图像"|"调整"|"阈值"命令，弹出"阈值"对话框，如图 2-140 所示。在该对话框中可拖动滑块以调整阈值色阶，完成后单击"确定"按钮即可。

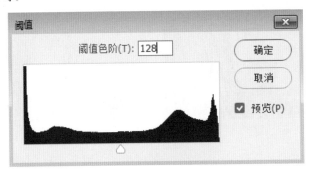

图 2-140

　　根据"阈值"对话框中的"阈值色阶"，将图像像素的亮度值一分为二，比阈值亮的像素将转换为白色，而比阈值暗的像素将转换为黑色。如图 2-141、图 2-142 所示为使用"阈值"命令前后对比效果。

图 2-141　　　　　　　　　　　　　　　　　图 2-142

Adobe Photoshop CC+Illustrator CC 数字插画设计课堂实录

2.10 通道与蒙版

通道和蒙版是 Photoshop 中高级的编辑功能，是不可缺少的功能。

■ 2.10.1 "通道"面板

所有关于图像的颜色信息都是由通道表现出来的，任何一幅图像都包含有通道，不同的图像模式决定了通道的数目。

打开任意一张图像，在"通道"面板中都能够看到 Photoshop 自动为这张图像创建的颜色信息通道。"通道"面板主要用于创建、存储、编辑和管理通道。执行"窗口"|"通道"命令，弹出的"通道"面板如图 2-143 所示。

图 2-143

在"通道"面板中，各选项的含义分别介绍如下。

◎ 指示通道可见性图标 ◉：图标为 ◉ 形状时，图像窗口显示该通道的图像；单击该图标后，图标变为 □ 形状，隐藏该通道的图像。

◎ "将通道作为选区载入"按钮 ○：单击该按钮，可将当前通道快速转化为选区。

◎ "将选区存储为通道"按钮 ▣：单击该按钮，可将图像中选区之外的图像转换为一个蒙版的形式，将选区保存在新建的 Alpha 通道中。

◎ "创建新通道"按钮 ▣：单击该按钮，可创建一个新的 Alpha 通道。

◎ "删除当前通道"按钮 ▥：单击该按钮，可删除当前通道。

■ 2.10.2 通道的种类

通道主要用于管理图片颜色信息。不管哪种图像模式，都有属于自己的通道，图像模式不同，通道的数量也不同。通道主要分为颜色通道、专色通道、Alpha 通道和临时通道。

1. 颜色通道

颜色通道是将构成整体图像的颜色信息整理并表现为单色图像

的工具，而图像的颜色模式决定了通道的数量。例如，RGB 颜色模式的图像有 RGB、红、绿、蓝四种通道；CMYK 颜色模式的图像有 CMYK、青色、洋红、黄色、黑色五种通道，如图 2-144 所示；Lab 颜色模式的图像有 Lab、明度、a、b 四种通道，如图 2-145 所示；位图和索引颜色模式的图像只有一个位图通道和一个索引通道。

图 2-144

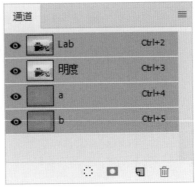
图 2-145

2. 专色通道

专色通道是一类较为特殊的通道，它可以使用除青色、洋红、黄色和黑色以外的颜色来绘制图像。专色通道是用特殊的预混油墨来替代或补充印刷色油墨，以便更好地体现图像效果，常用于需要专色印刷的印刷品。它可以局部使用，也可作为一种色调应用于整个图像中，例如画册中常见的纯红色、蓝色以及证书中的烫金、烫银效果等。

单击"通道"面板右上角的 ≡ 按钮，在弹出的下拉菜单中选择"新建专色通道"命令，弹出"新建专色通道"对话框，如图 2-146 所示。在该对话框中设置专色通道的颜色和名称，完成后单击"确定"按钮即可新建专色通道，如图 2-147 所示。

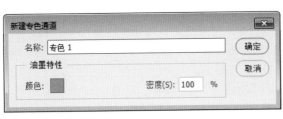
图 2-146

图 2-147

知识点拨

除了位图模式以外，其余所有的色彩模式都可建立专色通道。

3. Alpha 通道

Alpha 通道主要用于对选区进行存储、编辑与调用。Alpha 通道相当于一个 8 位的灰度通道，用 256 级灰度来记录图像中的透明度信息，定义透明、不透明和半透明区域。其中黑色处于未选择状态，

白色处于选择状态，灰色则表示部分被选择状态（即羽化区域）。使用白色涂抹 Alpha 通道可以扩大选区范围；使用黑色涂抹会收缩选区；使用灰色涂抹则可增加羽化范围。

在图像中创建需要保存的选区，然后在"通道"面板中单击"创建新通道"按钮，新建 Alpha 1 通道。将前景色设置为白色，选择"油漆桶工具"填充选区，如图 2-148 所示；然后取消选区，即在 Alpha 1 通道中保存了选区，如图 2-149 所示。保存选区后，则可随时重新载入该选区或将该选区载入其他图像中。

图 2-148　　　　　　　图 2-149

4. 临时通道

临时通道是在"通道"面板中暂时存在的通道。在创建图层蒙版或快速蒙版时，会自动在通道中生成临时蒙版，如图 2-150、图 2-151 所示。当删除图层蒙版或退出快速蒙版的时候，"通道"面板中的临时通道就会自动消失。

图 2-150　　　　　　　图 2-151

2.10.3 "蒙版"面板

在 Photoshop 中，蒙版是将不同灰度色值转化为不同的透明度，并作用到它所在的图层上，使图层不同部位的透明度产生相应的变化——黑色为完全透明，白色为完全不透明。

在"图层"面板中单击"添加图层蒙版"按钮，执行"窗口"|"属性"命令，弹出"属性"面板，如图 2-152 所示。

图 2-152

在"属性"面板中，"蒙版"的各选项的含义分别介绍如下。

◎ "添加像素蒙版 / 添加矢量蒙版"按钮 ▣ ▣：单击"添加像素蒙版"按钮 ▣，可以为当前图像添加一个像素蒙版；单击"添加矢量蒙版"按钮 ▣，可以为当前图层添加一个矢量蒙版。

◎ 浓度：该选项类似于图层的不透明度，用来控制蒙版的不透明度，也就是蒙版遮盖图像的强度。

◎ 羽化：用来控制蒙版边缘的柔化程度。数值越大，蒙版边缘越柔和；数值越小，蒙版边缘越生硬。

◎ "选择并遮住"按钮：单击该按钮，可以在弹出的"属性"对话框中修改蒙版边缘。

◎ "颜色范围"按钮：单击该按钮，可以在弹出的"色彩范围"对话框中修改"颜色容差"来修改蒙版的边缘范围。

◎ "反相"按钮：单击该按钮，可以反转蒙版的遮盖区域，即蒙版中黑色部分变成白色，白色部分变成黑色，未遮盖的图像将被调整为负片。

◎ "从蒙版中载入选区"按钮 ◌：单击该按钮，可以从蒙版中生成选区。按住 Ctrl 键也可以载入蒙版的选区。

◎ "应用蒙版"按钮 ◈：单击该按钮，可以将蒙版应用到图像中，同时删除蒙版以及被蒙版遮盖的区域。

◎ "停用 / 启用蒙版"按钮 ◉：单击该按钮，可以停用或重新启用蒙版。

◎ "删除蒙版"按钮 🗑：单击该按钮，可以删除当前选择的蒙版。

■ 2.10.4　蒙版的种类

1. 在 Photoshop 中

在 Photoshop 中，蒙版分为快速蒙版、矢量蒙版、图层蒙版和剪贴蒙版 4 类。

（1）快速蒙版。

快速蒙版是一种临时性的蒙版，是暂时在图像表面产生一种与保护膜类似的保护装置，可以使用几乎全部的绘画工具或滤镜对蒙版进行编辑。当在快速蒙版模式中工作时，"通道"面板中会出现一个临时快速蒙版通道。

单击工具箱底部的"以快速蒙版模式编辑"按钮 ▣ 或按 Q 键进入快速蒙版编辑状态，单击"画笔工具"，适当调整画笔大小，在图像中需要添加快速蒙版的区域进行涂抹（涂抹后的区域呈半透明红色），然后按 Q 键退出快速蒙版，从而建立选区，如图 2-153、图 2-154 所示。

ACAA课堂笔记

图 2-153 图 2-154

知识点拨

快速蒙版主要用于快速处理当前选区，不会生成相应附加图层。

（2）矢量蒙版。

矢量蒙版是通过形状控制图像显示区域的，它只能作用于当前图层。其本质为使用路径制作蒙版，遮盖路径覆盖的图像区域，显示无路径覆盖的图像区域。矢量蒙版可以通过形状工具创建，也可以通过路径来创建。

矢量蒙版中创建的形状是矢量图，可以使用"钢笔工具"和"形状工具"对图形进行编辑修改，从而改变蒙版的遮罩区域，也可以对它任意缩放。

矢量蒙版可以通过"形状工具"创建。单击"自定形状工具" ✿，在属性栏中把工具模式设置为"路径"，在"形状"下拉列表中选择形状样式，在图像中单击并拖动鼠标绘制形状，按住 Ctrl 键的同时单击"添加图层蒙版"按钮 ▫ 即可创建矢量蒙版，如图 2-155 所示；若把工具模式设置为 形状 ∨，在绘制结束后需栅格化图层，然后按住 Ctrl 键的同时单击"添加图层蒙版"按钮 ▫ 即可，如图 2-156 所示。

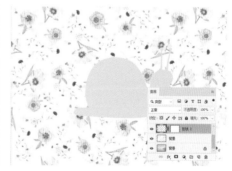

图 2-155 图 2-156

矢量蒙版也可以通过路径创建。选择"钢笔工具"，绘制图像路径，执行"图层"|"矢量蒙版"|"当前路径"命令，此时在图像中可以看到保留了路径覆盖区域的图像，而背景区域则不可见，如图 2-157、图 2-158 所示。

图 2-157 　　　　　　　　　　　　　图 2-158

（3）图层蒙版。

图层蒙版可以在不破坏图像的情况下反复修改图层的效果，它同样依附于图层存在。图层蒙版大大方便了对图像的编辑，它并不是直接编辑图层中的图像，而是通过使用"画笔工具"在蒙版上涂抹，控制图层区域的显示或隐藏，常用于图像合成。

选择添加蒙版的图层为当前图层，单击"图层"面板底端的"添加图层蒙版"按钮 ，设置前景色为黑色，选择"画笔工具"在图层蒙版上非主体处进行涂抹，如图 2-159、图 2-160 所示。

图 2-159 　　　　　　　　　　　　　图 2-160

当图层中有选区时，在"图层"面板上选择该图层，单击面板底部的"添加图层蒙版"按钮，选区内的图像被保留，而选区外的图像将被隐藏。

（4）剪贴蒙版。

在 Photoshop 中剪贴蒙版图层主要有三种方式。在"图层"面板中，将要剪切的两个图层放在合适的上下层位置后。

◎ 按住 Alt 键，将光标置于这两个图层之间，当光标变为 形状时单击即可创建剪贴蒙版图层，如图 2-161、图 2-162 所示。

图 2-161 　　　　　　　　　　　　　图 2-162

◎ 选择处于上方的图层，执行"图层"|"创建剪贴蒙版"命令。

◎ 按 Alt+Ctrl+G 组合键也可创建剪贴蒙版图层。

不仅可以对普通图层进行剪切，还可以对文字图层进行剪切，从而可以创建具有图案的文字效果，如图 2-163、图 2-164 所示。

<table>
<tr><td>图 2-163</td><td>图 2-164</td></tr>
</table>

若要取消上下两个图层的剪切关系，同样有相对应的三种方式。

◎ 按住 Alt 键，将光标置于剪贴图层之间，呈 ↘□ 形状时单击。

◎ 选择剪贴蒙版组中的任意一个图层，执行"图层"|"释放剪贴蒙版"命令。

◎ 按 Alt+Ctrl+G 组合键也可取消剪贴蒙版。

2. 在 Illustrator 中

在 Illustrator 中，若要创建剪贴蒙版，需置入一张位图图像，绘制一个矢量图形，使矢量图置于位图上方。按 Ctrl+A 组合键全选图形，如图 2-165 所示；右击鼠标，在弹出的快捷菜单中选择"建立剪贴蒙版"命令，创建剪贴蒙版，如图 2-166 所示。

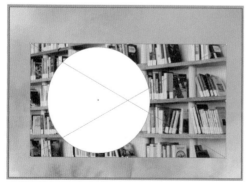

<table>
<tr><td>图 2-165</td><td>图 2-166</td></tr>
</table>

在创建剪贴蒙版之后，若要对被剪贴的对象进行调整编辑，可以在"图层"面板中将其选中后，使用"选择工具"▶，或者使用"直接选择工具"▷进行调整，如图 2-167 所示；或双击蒙版进入隔离模式，双击可以选择原始位图进行编辑操作，如图 2-168 所示。双击空白处，退出隔离模式。

若要释放剪贴蒙版，右击鼠标，在弹出的快捷菜单中选择"释放剪贴蒙版"命令，被释放的剪贴蒙版路径的填充和描边为"无"，如图 2-169、图 2-170 所示。

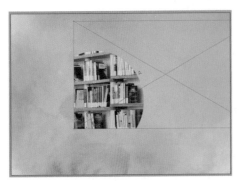

图 2-167

图 2-168

图 2-169

图 2-170

2.11 滤镜效果

　　滤镜可以应用到整个图像、选区内的图像或是应用于通道内。如果在图层中使用滤镜，将只会影响该图层中的有色区域，而不会应用于该图层中的透明区域。每执行一次滤镜，只能使当前图层发生变化。有些滤镜对图像的影响非常细微，此时可以再次应用该滤镜以增强效果。

　　在 Photoshop 中，"滤镜"菜单如图 2-171 所示。在滤镜组中有多个滤镜命令，可通过执行一次或多次滤镜命令为图像添加不一样的效果。

　　Illustrator 效果主要为绘制的矢量图形应用效果，在"外观"面板中，只能将这些效果应用于矢量对象，或者某个位图对象的填色或描边。其"效果"菜单如图 2-172 所示。

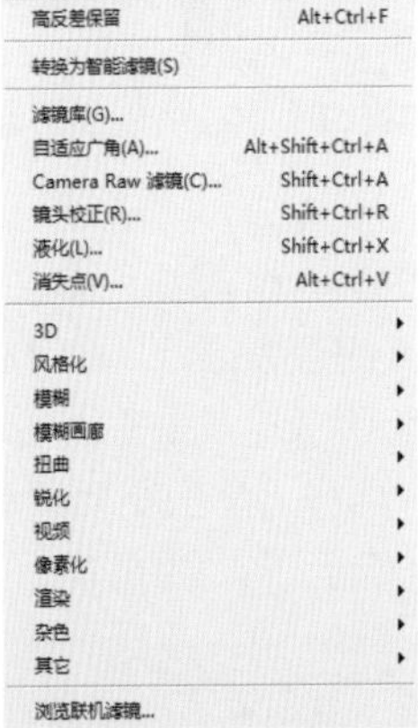

图 2-171

图 2-172

Adobe Photoshop CC+Illustrator CC 数字插画设计课堂实录

68

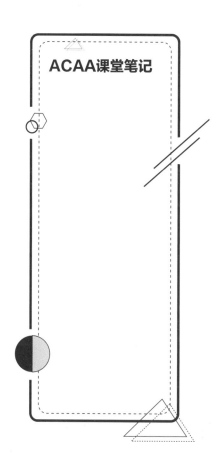

在 Photoshop 中，主要介绍常用的滤镜库、"模糊"滤镜组以及"扭曲"滤镜组。

在 Illustrator 中，主要介绍常用的 3D、扭曲和变换以及路径查找器。

2.11.1 滤镜库

执行"滤镜"|"滤镜库"命令，弹出"滤镜库"对话框，如图2-173所示。

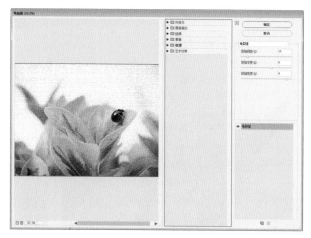

图 2-173

在"滤镜库"对话框中，各选项的含义分别介绍如下。

◎ 预览框：可预览图像的变化效果，单击底部的 □ □ 按钮，可缩小或放大预览框中的图像。

◎ 滤镜组：该区域中显示了"风格化""画笔描边""扭曲""素描""纹理"和"艺术效果"6组滤镜，单击每组滤镜前面的三角形图标，展开该滤镜组，即可看到该组中所包含的具体滤镜。

◎ "显示 / 隐藏滤镜缩览图"按钮 ：单击该按钮可显示或隐藏滤镜缩览图。

◎ "滤镜"弹出式菜单与参数设置区：在"滤镜"弹出式菜单中可以选择所需滤镜，在其下方区域中可设置当前所应用滤镜的各种参数值和选项，如图 2-174 所示。

◎ 选择滤镜显示区域：单击某一个滤镜效果图层，显示选择的滤镜；剩下的属于已应用但未选择的滤镜。

◎ "隐藏滤镜"按钮 ：单击效果图层前面的 图标，隐藏滤镜效果，再单击，将显示被隐藏的效果，如图 2-175 所示。

图 2-174   图 2-175

◎ "新建效果图层"按钮🔲：若要同时使用多个滤镜，可以单击该按钮，新建一个效果图层，从而实现多滤镜的叠加使用。

◎ "删除效果图层"按钮🗑：选择一个效果图层后，单击该按钮即可将其删除。

在滤镜库中主要介绍"纹理"与"艺术效果"两个滤镜组。

1. "纹理"滤镜组

"纹理"滤镜组主要用于为图像添加具有深度感和材料感的纹理，使图像具有质感。该滤镜在空白画面上也可以直接工作，并能生成相应的纹理图案。

◎ 龟裂缝：该滤镜可使图像产生龟裂纹理，从而制作出具有浮雕样式的立体图像效果。它也可在空白画面上直接产生具有皱纹效果的纹理。如图 2-176、图 2-177 所示为使用"龟裂缝"滤镜的前后效果对比。

图 2-176 　　　　　　　　　　　　　　　图 2-177

◎ 颗粒：该滤镜可通过模拟不同种类的颗粒在图像中添加纹理，如图 2-178 所示。

◎ 马赛克拼贴：该滤镜用于产生类似马赛克拼成的图像效果，如图 2-179 所示。

图 2-178 　　　　　　　　　　　　　　　图 2-179

◎ 拼缀图：该滤镜在马赛克拼贴滤镜的基础上增加了一些立体感，使图像产生一种类似于建筑物上使用瓷砖拼成图像的效果。

◎ 染色玻璃：该滤镜可将图像分割成不规则的多边形色块，然后用前景色勾画其轮廓，产生一种视觉上的彩色玻璃效果，如图 2-180 所示。

◎ 纹理化：该滤镜可向图像中添加不同的纹理，使图像看起来富有质感。用于处理含有文字的图像时，可使文字呈现比较丰富的特殊效果，如图 2-181 所示。

图 2-180   图 2-181

2. "艺术效果"滤镜组

"艺术效果"滤镜组可模拟多种现实世界的艺术手法，能让普通的图像变为绘画形式不拘一格的艺术作品，可以用来制作用于商业的特殊效果图像。

◎ 壁画：该滤镜可使图像产生壁画一样的粗犷风格效果。

◎ 彩色铅笔：该滤镜模拟使用彩色铅笔在纯色背景上绘制图像。如图 2-182、图 2-183 所示为使用"彩色铅笔"滤镜的前后效果对比。

图 2-182   图 2-183

◎ 粗糙蜡笔：该滤镜可使图像产生类似蜡笔在纹理背景上绘图的纹理浮雕效果，如图 2-184 所示。

◎ 底纹效果：该滤镜可根据所选的纹理类型使图像产生相应的底纹效果，如图 2-185 所示。

图 2-184   图 2-185

◎ 干画笔：该滤镜能模仿使用颜料快用完的毛笔进行作画，笔迹的边缘断断续续、若有若无，产生一种干枯的油画效果，如图 2-186 所示。

◎ 海报边缘：该滤镜的作用是增加图像对比度并沿边缘的细微层次加上黑色，能够产生具有招贴画边缘的效果，如图 2-187 所示。

图 2-186

图 2-187

◎ 海绵：该滤镜可使图像产生类似海绵浸湿的图像效果。

◎ 绘画涂抹：该滤镜模拟手指在湿画上涂抹的模糊效果，如图 2-188 所示。

◎ 胶片颗粒：该滤镜可让图像产生胶片颗粒状纹理效果。

◎ 木刻：该滤镜使图像产生由粗糙剪切的彩纸组成的效果，高对比度图像看起来像黑色剪影，而彩色图像看起来像由几层彩纸构成，如图 2-189 所示。

图 2-188

图 2-189

◎ 霓虹灯光：该滤镜能够产生负片图像或与此类似的颜色奇特的图像效果，给人虚幻朦胧的感觉。

◎ 水彩：该滤镜可以描绘出图像中的景物形状，同时简化颜色，产生水彩画的效果，如图 2-190 所示。

◎ 塑料包装：该滤镜可使图像产生表面质感强烈并富有立体感的塑料包装效果，如图 2-189 所示。

图 2-190

图 2-191

◎ 调色刀：该滤镜可以使图像中相近的颜色相互融合，减少了细节以产生写意效果，如图 2-192 所示。

◎ 涂抹棒：该滤镜可产生使用粗糙物体在图像进行涂抹的效果，能够模拟在纸上涂抹粉笔画或蜡笔画的效果，如图 2-193 所示。

图 2-192

图 2-193

■ 2.11.2 "模糊"滤镜组

"模糊"滤镜组主要用于不同程度地减少相邻像素间颜色的差异，使图像产生柔和、模糊的效果。执行"滤镜"|"模糊"命令，弹出其子菜单，执行相应的菜单命令即可实现滤镜效果。下面将对其进行介绍。

1. 表面模糊

该滤镜在保留边缘的同时模糊图像，用于创建特殊效果并消除杂色或粒度。如图 2-194、图 2-195 所示为使用"表面模糊"滤镜的前后效果对比。

图 2-194

图 2-195

2. 动感模糊

该滤镜的效果类似于以固定的曝光时间给一个移动的对象拍照，如图 2-196 所示。

3. 方框模糊

该滤镜以邻近像素颜色平均值为基准模糊图像，如图 2-197 所示。

图 2-196　　　　　　　　　　　　　　　　图 2-197

4.高斯模糊

高斯是指对像素进行加权平均时所产生的钟形曲线。该滤镜可根据数值快速地模糊图像，产生朦胧效果，如图 2-198 所示。

5.进一步模糊

与"模糊"滤镜产生的效果一样，但效果强度会增加 3～4 倍。

6.径向模糊

该滤镜可以产生具有辐射性模糊的效果，模拟相机前后移动或旋转产生的模糊，如图 2-199 所示。

图 2-198　　　　　　　　　　　　　　　　图 2-199

7.镜头模糊

该滤镜可向图像中添加模糊以产生更窄的景深效果，使图像中的一些对象在焦点内，另一些区域变模糊。用它来处理照片，可创建景深效果。但它需要用 Alpha 通道或图层蒙版的深度值来映射图像中像素的位置，如图 2-200 所示。

8.模糊

该滤镜使图像变得模糊一些，能去除图像中明显的边缘或非常轻度的柔和边缘，如同在照相机的镜头前加入柔光镜。

9.平均

该滤镜能找出图像或选区中的平均颜色，然后用该颜色填充图像或选区以创建平滑的外观。

10. 特殊模糊

该滤镜能找出图像的边缘并对边界线以内的区域进行模糊处理。它的优点是在模糊图像的同时仍使图像具有清晰的边界，有助于去除图像色调中的颗粒、杂色，从而产生一种边界清晰、中心模糊的效果。

11. 形状模糊

该滤镜使用指定的形状作为模糊中心进行模糊处理，如图 2-201 所示。

图 2-200
图 2-201

■ 2.11.3 "扭曲"滤镜组

"扭曲"滤镜组主要用于对平面图像进行扭曲处理，使其产生旋转、挤压、水波和三维等变形效果。

执行"滤镜"|"扭曲"命令，弹出其子菜单，执行相应的菜单命令即可实现滤镜效果，下面将对其进行介绍。

1. 波浪

该滤镜可根据设定的波长和波幅产生波浪效果。如图 2-202、图 2-203 所示为使用"波浪"滤镜的前后效果对比。

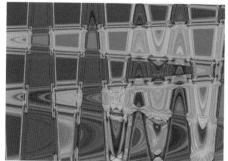

图 2-202
图 2-203

2. 波纹

该滤镜可根据参数设定产生不同的波纹效果。

3. 极坐标

该滤镜可将图像从直角坐标系转化成极坐标系或从极坐标系转化为直角坐标系，从而产生极端变形效果，如图 2-204 所示。

4. 挤压

该滤镜可使全部图像或选区图像产生向外或向内挤压的变形效果。

5. 切变

该滤镜能根据在对话框中设置的垂直曲线来使图像产生扭曲变形，如图 2-205 所示。

图 2-204　　　　　　　　　　　　　　图 2-205

6. 球面化

该滤镜能使图像区域膨胀实现球形化，形成类似将图像贴在球体或圆柱体表面的效果，如图 2-206 所示。

7. 水波

该滤镜可模仿水面上产生的起伏状波纹和旋转效果，用于制作同心圆类的波纹。

8. 旋转扭曲

该滤镜可使图像产生类似于风轮旋转的效果，甚至可以产生将图像置于一个大旋涡中心的螺旋扭曲效果，如图 2-207 所示。

图 2-206　　　　　　　　　　　　　　图 2-207

9. 置换

该滤镜可用另一幅图像（必须是 PSD 格式）的亮度值替换当前图像亮度值，使当前图像的像素重新排列，产生位移的效果。

10. 玻璃

该滤镜收录在滤镜库中，执行"滤镜"|"滤镜库"命令，弹出"滤镜库"对话框，在"扭曲"

滤镜组中执行该滤镜命令即可。使用该滤镜，能模拟透过玻璃观看图像的效果，如图 2-208 所示。

11. 海洋波纹

该滤镜收录在滤镜库中，使用该滤镜能为图像表面增加随机间隔的波纹，使图像产生类似海洋表面的波纹效果。

12. 扩散亮光

该滤镜收录在滤镜库中，使用该滤镜能使图像产生光热弥漫的效果，用于表现强烈光线和烟雾，如图 2-209 所示。

图 2-208　　　　　　　　　　　　　　　　图 2-209

ACAA课堂笔记

■ 2.11.4　3D

3D 中的效果可以将开放路径或封闭路径，或位图对象，转换为可以旋转、打光和投影的三维（3D）对象。

1. 凸出与斜角

创建一个封闭路径，选中对象后执行"效果"|"3D"|"凸出和斜角"命令，弹出"3D 凸出和斜角选项"对话框，如图 2-210 所示。

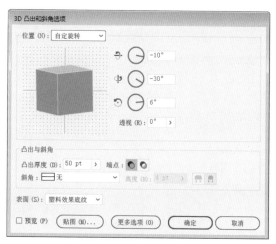

图 2-210

在 "3D 凸出和斜角选项" 对话框中，各选项的含义分别介绍如下。

◎ 透视：通过设置的参数调整对象的透视效果。

◎ 凸出厚度：设置 2D 对象需要被挤压的厚度。

◎ 端点：单击 "开启端点以建立实心外观" 按钮 ⊙ 后，可以创建实心的 3D 效果，如图 2-211 所示。单击 "关闭端点以建立空心外观" 按钮 ⊙ 后，可创建空心外观，如图 2-212 所示。

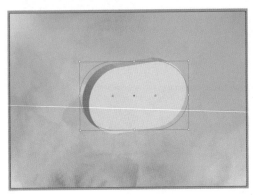

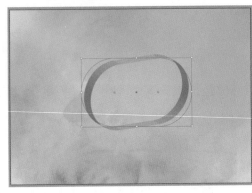

图 2-211   图 2-212

◎ 斜角：在其下拉列表中，Illustrator 提供了 10 种不同的斜角样式，还可以在后面的参数栏中设置数值来定义倾斜的高度值。如图 2-213、图 2-214 所示为 "复杂 4" "滚动" 样式效果图。

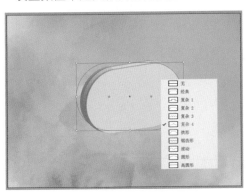

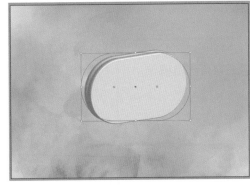

图 2-213   图 2-214

◎ 高度：设置介于 1 ～ 1000 之间的高度值。"斜角外扩" 🔲 将斜角添加至对象的原始形状，如图 2-215 所示；"斜角内缩" 🔲 从对象的原始形状砍去斜角，如图 2-216 所示。

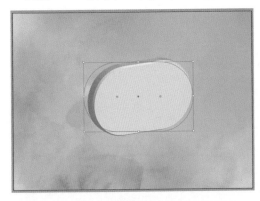

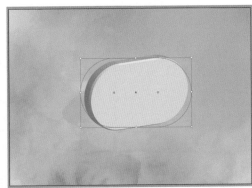

图 2-215   图 2-216

◎ 表面：设置表面底纹。选择"线框"，会显示几何形状的对象，表面透明，如图 2-217 所示；选择"无底"，不向对象添加任何底纹，如图 2-218 所示；选择"扩散底纹"，使对象以一种柔和扩散的模式反射光；选择"塑料效果底纹"，使对象以一种闪烁的材质模式反光。

◎ 更多选项：单击该按钮，可以在展开的参数窗口中设置光源强度、环境光、高光强等参数。

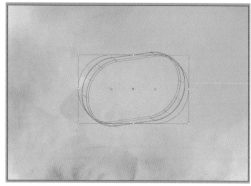
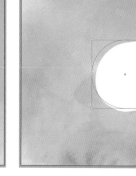

图 2-217　　　　　　　　　　　　　　　　图 2-218

2. 绕转

选中对象后，执行"效果"|3D|"绕转"命令，弹出"3D 绕转选项"对话框，如图 2-219 所示。

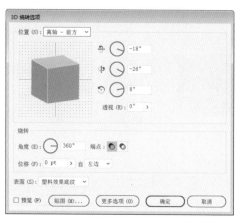

图 2-219

在"3D 绕转选项"对话框中，各选项的含义分别介绍如下。

◎ 角度：设置 0 ～ 360°之间的路径绕转度数。如图 2-220、图 2-221 所示分别为绕转 360°和 200°。

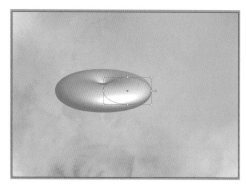
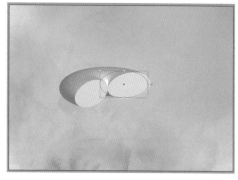

图 2-220　　　　　　　　　　　　　　　　图 2-221

◎ 位移：在绕转轴与路径之间添加距离。

◎ 自：设置对象绕之转动的轴。如图 2-222 所示为"左边"位移 60pt 效果；如图 2-223 所示为"右边"位移 60pt 效果。

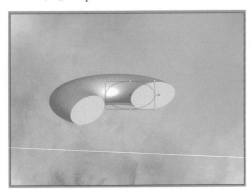
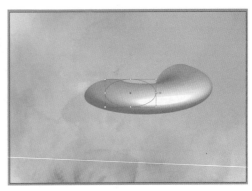

图 2-222   图 2-223

3. 旋转

选中对象后，执行"效果"|3D|"旋转"命令，弹出"3D 旋转选项"对话框，如图 2-224 所示。

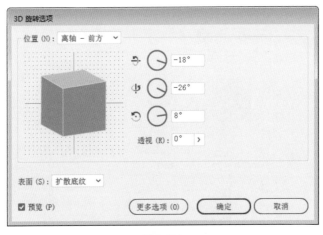

图 2-224

选中"预览"复选框，在窗口中按住鼠标左键拖动旋转控件，或者在旁边输入旋转数值，预览的对象呈线框模式，停止旋转后单击"确定"按钮即可应用，如图 2-224、图 2-226 所示。

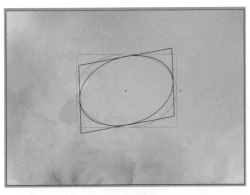
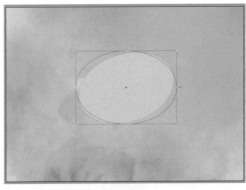

图 2-225   图 2-226

"扭曲和变换"命令可以改变对象的形状,但不会改变对象的几何形状。这些效果同样可以在"外观"面板中编辑修改。

1. 变换

变换效果可以进行缩放、移动、旋转或对称等操作。选中图形对象,执行"效果"|"扭曲和变换"|"变换"命令,在弹出的"变换效果"对话框中设置参数,如图 2-227、图 2-228 所示。

图 2-227

图 2-228

ACAA课堂笔记

2. 扭拧

"扭拧"效果可以将所选对象随机地向内或向外弯曲和扭曲。选中图形对象,执行"效果"|"扭曲和变换"|"扭拧"命令,弹出"扭拧"对话框,如图 2-229 所示。

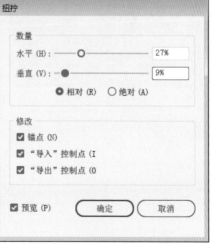

图 2-229

该对话框中各选项的含义如下。

◎ 水平：设置对象在水平方向的扭拧幅度。

◎ 垂直：设置对象在垂直方向的扭拧幅度。

◎ 相对：选中该单选按钮，将调整的幅度为原水平的百分比，如图 2-230 所示。

◎ 绝对：选中该单选按钮，将调整的幅度为具体的尺寸，如图 2-231 所示。

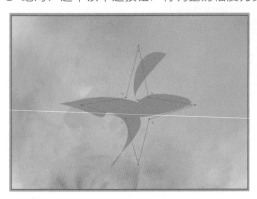
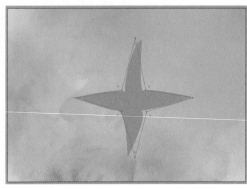

图 2-230 图 2-231

◎ 锚点：选中该复选框，将修改对象中的锚点。

◎ "导入"控制点：选中该复选框，将修改对象中的导入控制点。

◎ "导出"控制点：选中该复选框，将修改对象中的导出控制点。

3. 扭转

"扭转"效果可以顺时针或逆时针扭转对象的形状。选中图形对象，执行"效果"|"扭曲和变换"|"扭转"命令，在弹出的"扭转"对话框输入旋转的角度。如图 2-232、图 2-233 所示为扭转 160°和 720°的效果对比。

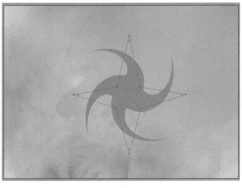
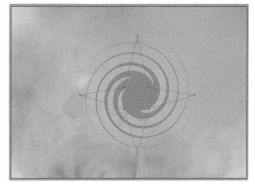

图 2-232 图 2-233

4. 收缩和膨胀

"收缩和膨胀"效果是以对象中心为基点，对所选对象进行收缩或膨胀的变形效果操作。选中图形对象，执行"效果"|"扭曲和变换"|"收缩和膨胀"命令，在弹出的"收缩和膨胀"对话框中设置参数，"收缩"为负值，"膨胀"为正值，如图 2-234、图 2-235 所示。

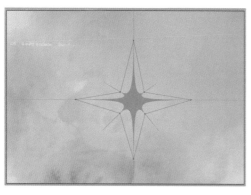

图 2-234

图 2-235

5. 波纹效果

"波纹效果"效果可以使路径边缘产生波纹化的扭曲。选中图形对象,执行"效果"|"扭曲和变换"|"波纹效果"命令,弹出"波纹效果"对话框,如图 2-236 所示。

图 2-236

该对话框中各选项的含义如下。

◎ 大小:设置波纹效果的大小尺寸。数值越小,波纹起伏越弱;数值越大,波纹起伏越强。

◎ 每段的隆起数:设置每一段路径出现波纹隆起的数量,数值越大,波纹越密集。

◎ 平滑:选中该单选按钮,波纹效果为平滑,如图 2-237 所示。

图 2-237

ACAA课堂笔记

◎ 尖锐：选中该单选按钮，波纹效果为尖锐，如图 2-238 所示。

图 2-238

6. 粗糙化

"粗糙化"效果可以使图形边缘处产生各种大小不一的凹凸锯齿。选中图形对象，执行"效果"|"扭曲和变换"|"粗糙化"命令，在弹出的"粗糙化"对话框中设置参数即可，如图 2-239、图 2-240 所示。

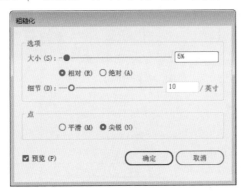

图 2-239

图 2-240

7. 自由扭曲

"自由扭曲"效果通过为对象添加一个虚拟的方形控制框，调整控制框的控制点来更改对象的形状。选中图形对象，执行"效果"|"扭曲和变换"|"自由扭曲"命令，在弹出的"自由扭曲"对话框中调整控制点即可，如图 2-241、图 2-242 所示。

图 2-241

图 2-242

2.11.6 路径查找器

路径查找器可以将组、图层或子图层合并到单一的可编辑对象中，其效果不会对原始对象产生真实的变形。应用此效果前应选中目标对象，按 Ctrl+G 组合键创建编组。

1. 相加

描摹所有对象的轮廓，结果形状会采用顶层对象的上色属性。如图 2-243、图 2-244 所示为应用该效果的前后对比。

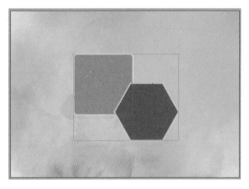

图 2-243　　　　　　　　　　图 2-244

2. 交集

描摹被所有对象重叠的区域轮廓，如图 2-245 所示。

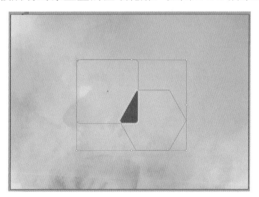

图 2-245

3. 差集

描摹对象所有未被重叠的区域，并使重叠区域透明。若是偶数个对象重叠，则重叠处会变成透明。若是奇数个对象重叠，重叠的地方则会填充颜色，如图 2-246 所示。

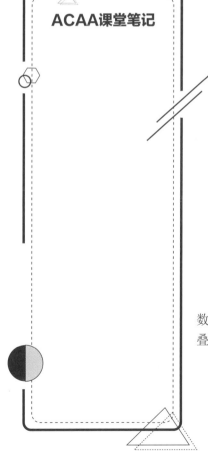

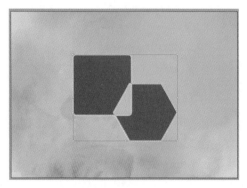

图 2-246

4. 相减

从最后面的对象中减去最前面的对象，如图 2-247 所示。

5. 减去后方对象

从最前面的对象中减去最后面的对象，如图 2-248 所示。

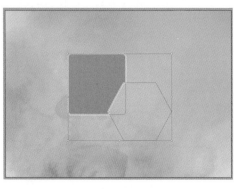

图 2-247

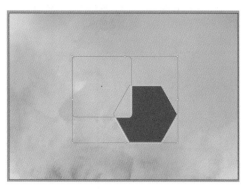

图 2-248

6. 分割

按照图形对象的重叠方式，将其切分为多个部分，如图 2-249 所示。

7. 修边

删除已填充对象被隐藏的部分。删除所有描边，且不合并相同颜色的对象，如图 2-250 所示。

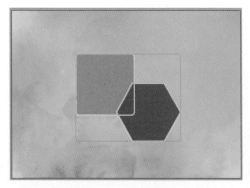

图 2-249

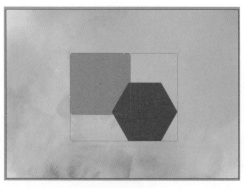

图 2-250

8. 合并

删除已填充对象被隐藏的部分。删除所有描边，且合并具有相同颜色的相邻或重叠的对象，如图 2-251 所示。

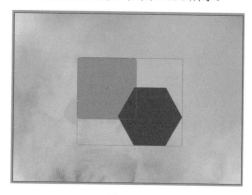

图 2-251

9. 裁剪

将图像分割成由组件填充的表面，删除图像中所有落在最上方对象边界之外的部分和所有描边，如图 2-252 所示。

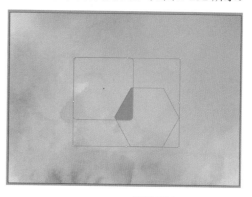

图 2-252

10. 轮廓

将对象分割为其组件线段或边缘，如图 2-253 所示。

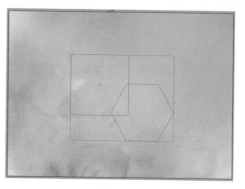

图 2-253

第 2 章

插画制作基础

11. 实色混合

通过选择每个颜色组件的最高值来组合颜色，如图2-254所示。

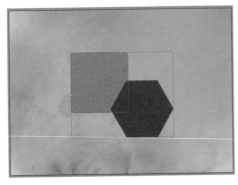

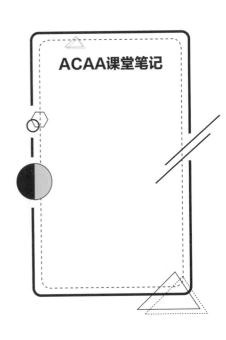

图 2-254

12. 透明混合

执行"效果"|"路径查找器"|"轮廓"命令，在弹出的"路径查找器选项"对话框中设置参数，使底层颜色透过重叠的图像可见，将图像划分为其构成部分的表面，如图2-255、图2-256所示。

图 2-255

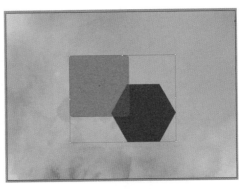

图 2-256

13. 陷印

通过在两个相邻颜色之间创建一个小重叠区域（称为陷印）来补偿图像中各颜色之间的潜在间隙。

第〈3〉章

人鱼插画设计

内容导读

本章绘制的人鱼属于人物插画设计，是插画设计中常见的一种表现形式，画面本身以创意的人物形象为表现主体。刚接触插画设计时，可以在纸上画出人物的大体轮廓，然后置入软件中，使用钢笔工具进行绘制和后期填色处理。

3.1 创作思路

本章绘制的人鱼插画如图 3-1 所示。这是一幅唯美风格的人物插画设计。

设计思想：美人鱼给人一种美好清凉的感觉，所以选择蓝色为主色，黄色为辅色，一些海的元素作为点缀。前期以手绘为底，用软件进行线稿的制作和填色，最后使用素材进行装饰。

应用场合：明信片、周边海报、书籍插画。

难度指数：★★★★★

图 3-1

3.2 实现过程

本案例主要运用 Photoshop 软件，用钢笔工具绘制人物的基础造型轮廓，画笔和渐变工具搭配使用进行填色，最后置入薄纱和星光进行装饰。

■ 3.2.1 创建人鱼轮廓

下面将对人鱼轮廓的绘制进行介绍，主要用到路径与钢笔工具。

Step01 执行"文件"|"新建"命令，打开"新建"对话框，单击"打印"标签，在"空白文档预设"列表中选择 A3 参数预设，在对话框右侧设置文档名称，单击"确定"按钮完成设置，如图 3-2 所示。

ACAA课堂笔记

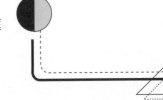

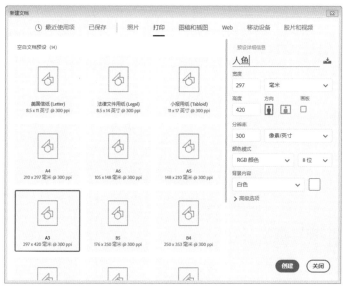

图 3-2

Step02 执行"文件"|"打开"命令，打开"人鱼.jpg"手稿文件，使用"移动工具" ✛，拖动图像到当前正在编辑的文件中，执行"编辑"|"自由变换"命令，调整图像的角度、大小和位置，以确定构图，如图 3-3 所示。

Step03 在"图层"面板中，更改其"不透明度"并锁定图层，如图 3-4 所示。

图 3-3

图 3-4

Step04 单击"路径"面板底部的"创建新路径"按钮 ◻，新建"路径 1"，更改名称为"耳朵"。单击工具箱中的"钢笔工具" ✒，绘制耳朵轮廓路径，如图 3-5 所示。

Step05 新建"路径 2"，选择"钢笔工具"，在视图中将人鱼的身体轮廓绘制出来，如图 3-6 所示。

图 3-5 图 3-6

Step06 新建"路径 3"，选择"钢笔工具"，在视图中绘制海贝和肚脐轮廓，如图 3-7 所示。

Step07 新建"路径 4"，选择"钢笔工具"，在视图中绘制雨伞轮廓，如图 3-8 所示。

图 3-7 图 3-8

Step08 新建"路径 5"，选择"钢笔工具"，在视图中绘制雨伞纹样轮廓，如图 3-9 所示。

Step09 新建"路径 6"，选择"钢笔工具"，在视图中绘制人鱼头发轮廓的一部分，如图 3-10 所示。

图 3-9　　　　　　　　　　　　　　　　　　　图 3-10

Step10 选择"钢笔工具"继续在手稿上绘制头发路径，并按照绘制顺序依次安排在不同的路径图层中，如图 3-11 所示。

Step11 新建"路径 12"，选择"钢笔工具"，在手稿上描绘人鱼的五官路径，然后将各个路径图层按绘制内容重新命名，以方便接下来的操作，如图 3-12 所示。

图 3-11　　　　　　　　　　　　　　　　　　　图 3-12

Step12 单击工具箱中的"直接选择工具" ▶，按住 Shift 键单击多选"耳朵"路径中的子路径，如图 3-13 所示。

Step13 单击工具箱中的"画笔工具" ，在属性栏中单击"切换画笔面板"按钮 ，打开"画笔设置"面板，设置"画笔笔尖形状"选项参数，如图 3-14 所示。

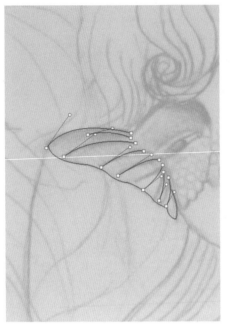

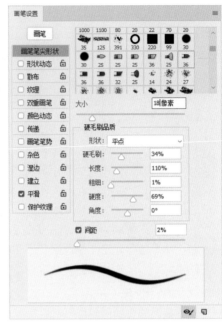

图 3-13   图 3-14

Step14 设置"形状动态"选项参数，如图 3-15 所示。

Step15 单击"图层"面板底部的"创建新图层"按钮，新建"图层 2"。单击"路径"面板右上角的"面板菜单"按钮，在弹出的菜单中选择"描边子路径"选项，弹出"描边子路径"对话框，然后单击"确定"按钮，描边子路径，如图 3-16 所示。

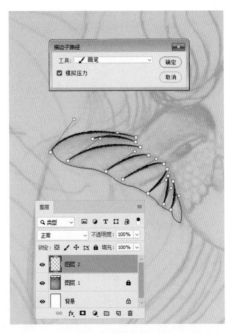

图 3-15   图 3-16

Step16 在"画笔"面板中调整画笔"大小"参数为10px，使用"直接选择工具"选中左侧耳朵边缘的路径，对其进行描边，如图3-17所示。

Step17 使用相同的方法为耳朵轮廓剩下的部分子路径进行描边。在"画笔"面板中调整画笔"大小"参数为6px，在"形状动态"设置区域中将"角度抖动"参数设置为15%，然后选择"直接选择工具"配合键盘上的Shift键选中花朵内部路径，并对其进行描边，效果如图3-18所示。

图 3-17   图 3-18

Step18 分别新建图层，利用"画笔"面板和"路径"面板，使用相同笔刷、不同大小的画笔为人鱼身体轮廓、海贝、雨伞、雨伞纹样路径描边，效果如图3-19所示。

Step19 依次创建"头发1""头发2"和"头发3"图层，分别将绘制的头发路径描边到创建的图层中，如图3-20所示。

图 3-19   图 3-20

Step20 根据手稿的头发分布状况，将现有的头发描边图像分别进行复制，并利用"自由变换"命令调整头发描边图像的大小、角度和位置，如图 3-21 所示。

Step21 调整部分图层的"不透明度"，使头发描边图像看起来更有层次感，如图 3-22 所示。

图 3-21

图 3-22

Step22 依次创建"口鼻""眼睛""眉毛"图层，并分别对五官中的各部分路径进行描边，如图 3-23 所示。

Step23 保持"画笔工具" 被选中的状态，执行"文件"|"打开"命令，打开"眼珠 .abr"笔刷文件，笔刷将自动添加到"画笔"面板中，在"画笔"面板中选择笔刷并设置参数，如图 3-24 所示。

图 3-23

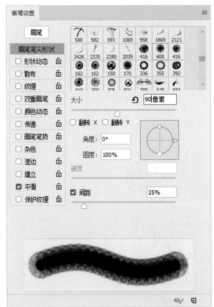

图 3-24

Step24 创建"眼珠"图层，选择"画笔工具"进行绘制，调小画笔为70px，继续绘制另一侧的眼珠图像。然后选择"橡皮擦工具"擦除多出眼眶部分，如图3-25、图3-26所示。

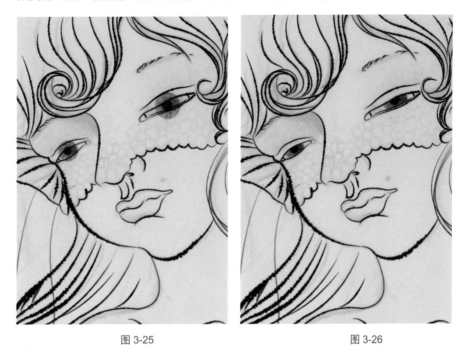

图3-25　　　　　　　　　　　　　　　　　图3-26

Step25 选择"渐变工具"，单击属性栏中的渐变色条，在弹出的"渐变编辑器"对话框中设置参数，如图3-27所示，单击"确定"按钮完成设置。

Step26 新建"图层2"，单击属性栏中的"径向渐变"按钮，使用该工具在中心偏上的位置从上到下垂直拖动，松开鼠标后，创建径向渐变效果，如图3-28所示。

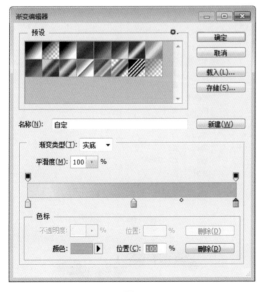

图3-27

图3-28

Step27 更改此图层的混合模式为"柔光"，将渐变效果与下层的人鱼轮廓混合在一起，使轮廓描边产生彩色效果，如图3-29所示。

Step28 将除背景和手稿外的图层群组，命名为"人鱼轮廓"，隐藏并锁定"图层1"，如图3-30所示。

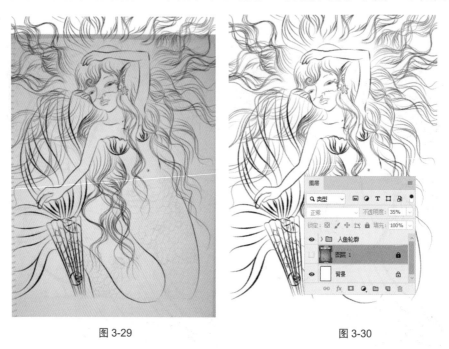

图 3-29   图 3-30

■ 3.3.2　为人鱼添加颜色

轮廓绘制完毕后，接下来使用画笔工具对人物进行基础填色。

Step01 打开"艺术痕迹.abr"笔刷文件。在工具箱中选择"画笔工具"，在"画笔设置"面板中设置参数，如图3-31、图3-32所示。

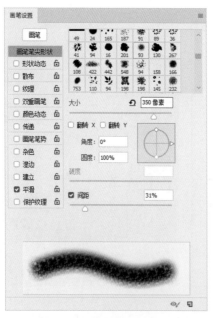
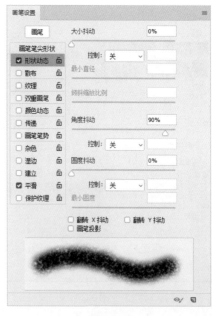

图 3-31   图 3-32

Step02 单击"图层"面板底部的"创建新图层"按钮，在"人鱼轮廓"图层组的下方创建"图层3"，更改图层名称为"大底色"，设置前景色，选择"画笔工具"在人鱼上半身位置进行绘制，为人鱼添加皮肤颜色，如图 3-33 所示。

Step03 调整画笔大小，新建"大底色 2"图层，设置前景色，选择"画笔工具"在人鱼整个尾部进行绘制，然后将图层调整至"大底色"图层下方，如图 3-34 所示。

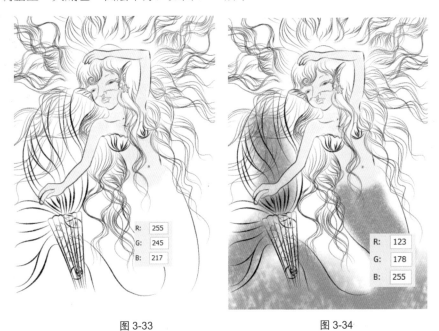

图 3-33   图 3-34

Step04 新建图层，命名为"大底色 3"，设置前景色，选择"画笔工具"继续对人鱼尾部进行修饰，并调整图层到"大底色 2"下方，如图 3-35 所示。

Step05 新建图层，命名为"大底色 4"，设置前景色为淡黄色，选择"画笔工具"为人鱼的头发图像添加颜色。将底色图层群组，命名为"初效果"，如图 3-36 所示。

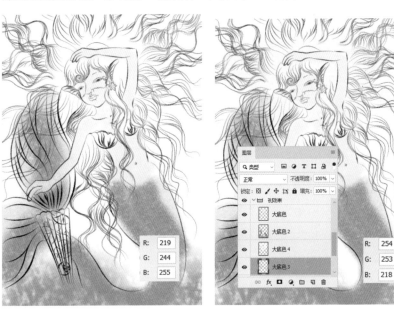

图 3-35   图 3-36

Step06 新建"图层 3"，设置前景色，然后选择"画笔工具"在人鱼面部进行绘制，效果如图 3-37 所示。

Step07 新建"图层 4"，设置前景色，选择"画笔工具"在人鱼图像的眼睛位置绘制眼影效果，如图 3-38 所示。

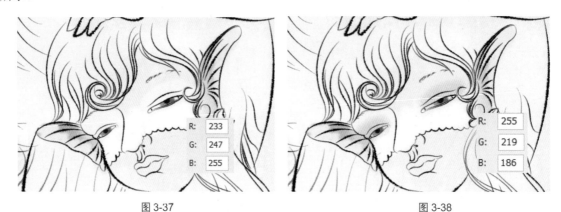

图 3-37   图 3-38

Step08 调整画笔大小为 35px，新建"图层 5"设置前景色，选择"画笔工具"在眼皮位置加深眼影效果，如图 3-39 所示。

Step09 在"路径"面板中选中"五官"路径，使用"路径选择工具"在视图中选择右侧眼线路径，单击"路径"面板底部的"将路径作为选区载入"按钮 ⟨⟩，将其作为选区载入，如图 3-40 所示。

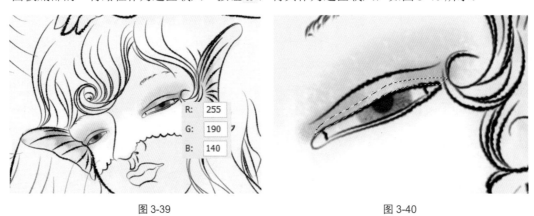

图 3-39   图 3-40

Step10 选择工具箱中的"渐变工具"，单击属性栏中的渐变色条，在弹出的"渐变编辑器"对话框中设置参数，如图 3-41 所示。单击"确定"按钮。

Step11 新建"图层 6"，选择"渐变工具"，在眼线中心位置由上至下进行拖动，创建径向渐变效果，如图 3-42 所示。

Step12 按 Ctrl+D 组合键取消选区，使用"路径选择工具"选择左侧眼线路径，并使用相同的方法为其创建渐变填充效果，然后按 Enter 键取消路径显示，如图 3-43 所示。

Step13 在"画笔设置"面板中设置参数，如图 3-44 所示。

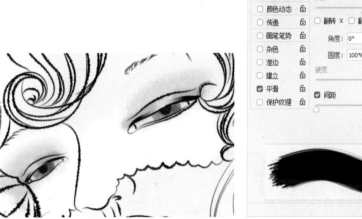

图 3-41

图 3-42

图 3-43

图 3-44

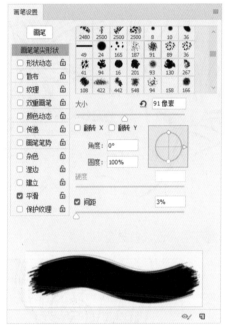

Step14 新建"图层 8",设置前景色为白色,在眼皮位置绘制装饰图像,形成亮光效果,如图 3-45 所示。

Step15 在"画笔设置"面板中恢复本小节 Step02 中的画笔设置,调整画笔大小为 65px,其余参数相同。新建"图层 9",设置前景色,选择"画笔工具"在人鱼面部进行绘制,添加装饰效果,如图 3-46 所示。

ACAA课堂笔记

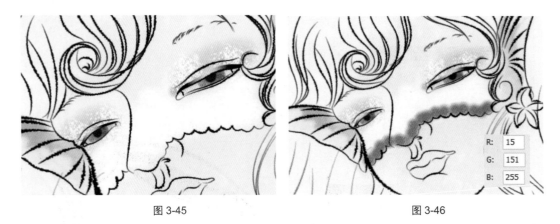

<table><tr><td>图 3-45</td><td>图 3-46</td></tr></table>

Step16 新建"图层 10",设置前景色,选择"画笔工具"在人鱼面部继续绘制装饰图像,如图 3-47 所示。

Step17 新建图层,设置前景色,选择"画笔工具"绘制装饰图像,调整图层的"填充"为 57%,如图 3-48 所示。

<table><tr><td>图 3-47</td><td>图 3-48</td></tr></table>

Step18 新建图层,设置前景色,选择"画笔工具"在人鱼鼻子部分绘制图像,如图 3-49 所示。

图 3-49

Step19 选择"画笔工具"分别在新建的图层中绘制浅绿色、黄色、蓝紫色的点状图案,如图 3-50 所示。

Step20 选择"画笔工具"绘制白色的亮光效果,白色亮光效果与眼睛上的亮光效果使用的是同一款笔刷,如图 3-51 所示。

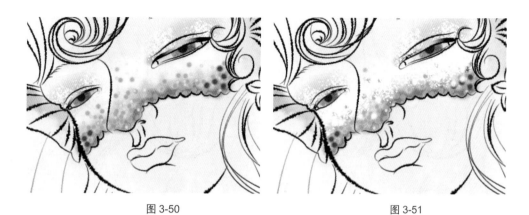

图 3-50   图 3-51

Step21 恢复本小节 Step02 中的画笔设置，调整画笔大小，选择"画笔工具"在新建的图层中为人鱼的嘴部位添加颜色，如图 3-52 所示。

Step22 选择"画笔工具"，在新建的图层中为人鱼的人中添加颜色，如图 3-53 所示。

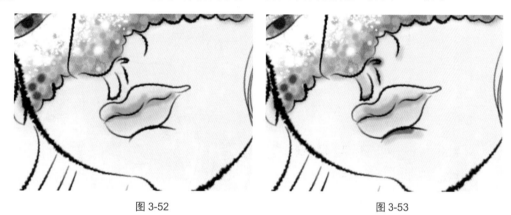

图 3-52   图 3-53

Step23 新建图层，选择"画笔工具"为人鱼的耳朵添加晕染效果，如图 3-54 所示。

Step24 选择"画笔工具"分别在新建的图层中为人鱼的耳环图像添加填充颜色，如图 3-55 所示。

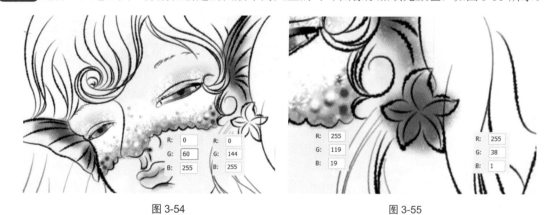

图 3-54   图 3-55

Step25 选择"画笔工具"分别在新建的图层中为人鱼胸前的海贝图像添加颜色，如图 3-56 所示。

Step26 再次新建图层，绘制点状装饰图像，效果如图 3-57 所示。

图 3-56　　　　　　　　　　　　　图 3-57

Step27 将五官和海贝内容所涵盖的图层群组，命名为"五官和海贝"，如图 3-58 所示。

Step28 在"路径"面板中新建"路径 1"，选择"钢笔工具"在视图中创建人鱼图像上半身皮肤表面的阴影路径，并更改路径名称为"阴影"，如图 3-59 所示。

图 3-58　　　　　　　　　　　　　图 3-59

Step29 使用"路径选择工具"选中人鱼面部的子路径，单击"路径"面板底部的"将路径作为选区载入"按钮，将其作为选区载入，如图 3-60 所示。

Step30 选择工具箱中的"渐变工具"，单击属性栏中的渐变色条，在弹出的"渐变编辑器"对话框中设置参数，如图 3-61 所示。

Step31 在属性栏中单击"线性渐变"按钮，新建图层，使用该工具由路径左下方向右上方拖动，创建渐变阴影效果，如图 3-62 所示。

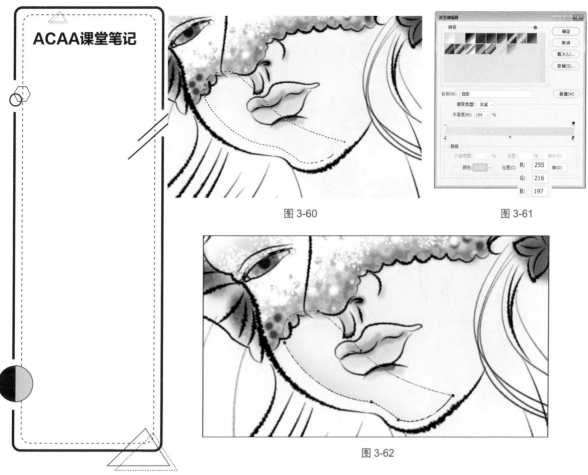

ACAA课堂笔记

图 3-60　　　　　　　　　　　　　　　　图 3-61

图 3-62

Step32 取消选区和路径显示，执行"滤镜"|"模糊"|"高斯模糊"命令，在弹出的"高斯模糊"对话框中设置参数，单击"确定"按钮，为图像添加高斯模糊效果，如图 3-63、图 3-64 所示。

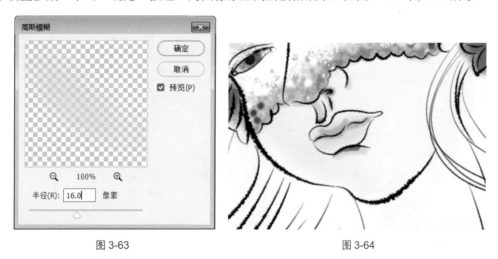

图 3-63　　　　　　　　　　　　　　　　图 3-64

Step33 使用相同的方法将"阴影"路径中的其他子路径转化为选区，并在不同的图层中分别添加渐变填充效果，如图 3-65 所示。

Step34 群组人鱼上半身的阴影图像，命名为"上半身阴影"，如图 3-66 所示。

图 3-65 图 3-66

■ 3.3.3 为细节填色

基础填色结束后，使用画笔工具进行细节处的填色，使其更加立体。

Step01 单击"图层"面板底部的"创建新组"按钮，新建"头发上色"图层组，单击"创建新图层"按钮，在新组中创建图层，如图 3-67 所示。

Step02 选择"画笔工具"，选择用于绘制海贝颜色的笔刷，设置前景色，调整画笔大小，在人鱼的头发位置添加颜色，如图 3-68 所示。

图 3-67 图 3-68

Step03 使用同样的方法，继续绘制头发颜色，增强头发的层次感，如图 3-69 所示。

Step04 选择"画笔工具"在新建的图层中为头发继续绘制绿色和深绿色的颜色，如图 3-70 所示

图 3-69   图 3-70

Step05 在"图层"面板中分别调整头发中两种绿色所在的图层"填充"参数，亮绿色为 35%，暗一些的绿色为 36%，如图 3-71 所示。

Step06 在"路径"面板中新建"路径 1"，命名为"挑染"，然后选择"钢笔工具"在视图中绘制挑染头发的路径，如图 3-72 所示。

图 3-71   图 3-72

Step07 新建图层，设置前景色，选择"画笔工具"，调整画笔大小为 75px，单击"路径"面板底部的"用画笔描边路径"按钮，为路径描边。选择工具箱中的"橡皮擦工具"，在属性栏中设置参数，在挑染头发图像上进行涂抹，虚化图像，使其与头发底色融合在一起，如图 3-73 所示。

Step08 在"图层"面板中调整挑染颜色所在图层的"填充"参数为 75%，如图 3-74 所示。

图 3-73　　　　　　　　　　　　　　　　图 3-74

Step09 在"路径"面板中新建"路径 1"，选择"钢笔工具"，在人物头部刘海位置绘制路径，作为选区载入后，新建图层填充颜色，取消选区，如图 3-75、图 3-76 所示。

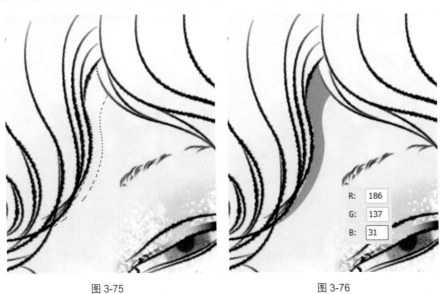

图 3-75　　　　　　　　　　　　　　　　图 3-76

Step10 执行"滤镜"|"模糊"|"高斯模糊"命令，在弹出的"高斯模糊"对话框中设置参数，如图 3-77 所示。

图 3-77

Step11 单击"确定"按钮，为图像添加高斯模糊效果，如图 3-78 所示。

Step12 使用相同的方法绘制另一侧的阴影路径，并调整该图层的"填充"参数为 40%，如图 3-79 所示。

图 3-78

图 3-79

ACAA课堂笔记

Step13 新建图层，选择"画笔工具"，调整画笔大小为 40px，在头发刘海位置添加阴影的层次，并配合"橡皮擦工具"擦除部分边缘，效果如图 3-80 所示。

图 3-80

Step14 新建图层，选择"画笔工具"在人鱼耳朵位置绘制阴影图像，添加模糊半径为 20px 的高斯模糊效果，完成头发的修饰，如图 3-81 所示。

Step15 新建图层，设置前景色，选择"画笔工具"根据本小节 Step02 和 Step03 中的方法为头发再次添加颜色晕染效果，并调整该图层的"填充"参数为 40%，如图 3-82 所示。

图 3-81　　　　　　　　　　　图 3-82

`Step16` 创建新组，命名为"尾部"。在新组中新建图层，设置前景色，选择"画笔工具"在人鱼尾部进行绘制，并对部分图像进行高斯模糊处理，如图 3-83 所示。

`Step17` 在"图层"面板中设置图层的混合模式为"叠加"，使颜色与尾部更自然地结合在一起，如图 3-84 所示。

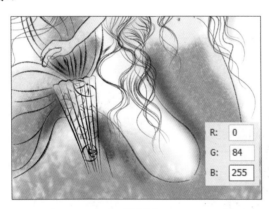

图 3-83　　　　　　　　　　　图 3-84

`Step18` 新建图层，选择"画笔工具"以多次单击的形式绘制圆点图像，然后添加模糊半径为 15px 的高斯模糊效果，并调整图层"填充"参数为 28%，如图 3-85 所示。

`Step19` 新建图层，设置前景色，选择"画笔工具"同样以多次单击的形式绘制圆点图像，添加模糊半径为 15px 的高斯模糊效果，并调整图层"填充"参数为 43%，如图 3-86 所示。

`Step20` 使用相同的方法，在不同的图层中为人鱼尾部继续绘制带有模糊效果的圆点图像，在此过程中进行复制并做出图层内部不透明度的调整，效果如图 3-87 所示。

`Step21` 新建图层，选择"画笔工具"在人鱼尾部绘制天蓝色和黄色的圆点装饰图像，效果如图 3-88 所示。

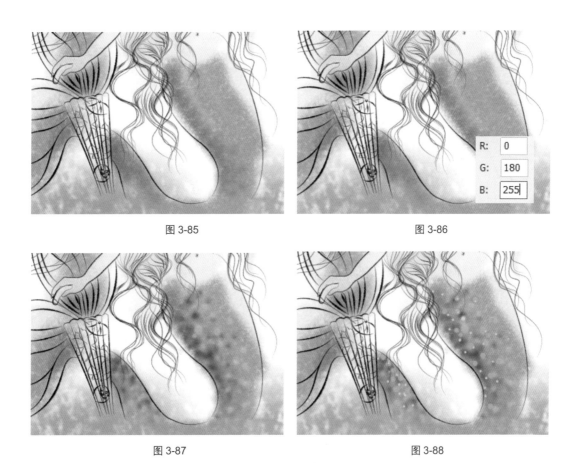

图 3-85　　　　　　　　　　　　　　　　　图 3-86

图 3-87　　　　　　　　　　　　　　　　　图 3-88

Step22 在"路径"面板中新建"路径3"，选择"钢笔工具"在人鱼尾部绘制路径，如图3-89所示。

Step23 设置前景色为白色，选择"画笔工具"，设置画笔大小为250px，新建图层，单击"路径"面板底部的"用画笔描边路径"按钮，为路径添加描边效果。执行"滤镜"|"模糊"|"高斯模糊"命令，在弹出的"高斯模糊"对话框中设置参数，如图3-90所示。

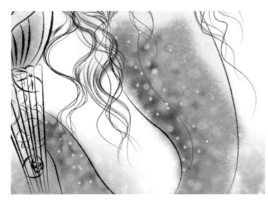

图 3-89　　　　　　　　　　　　　　　　　图 3-90

Step24 选择"橡皮擦工具"，擦除部分白色描边图像，得到高光效果，如图3-91所示。

图 3-91

Step25 新建"尾鳍装饰"图层组，选择"画笔工具"在不同的图层中为人鱼尾鳍部位添加带有高斯模糊效果的圆点装饰图像，然后分别对图层内部的不透明度进行调整，效果如图 3-92 ～图 3-94 所示。

图 3-92

图 3-93

图 3-94

Step26 在"画笔设置"面板中设置参数，如图 3-95 所示。

Step27 新建图层，选择"画笔工具"在人鱼尾鳍部分绘制圆点图像，如图 3-96 所示。

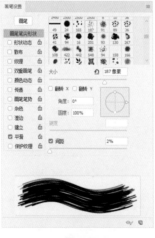

图 3-95

图 3-96

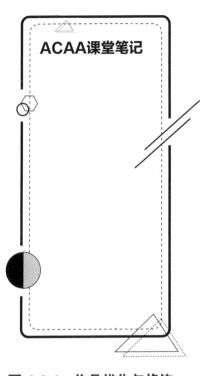
Step28 在"人鱼轮廓"图层组上方新建图层，选择"画笔工具"在人鱼胸前的海贝图像和尾部图像位置绘制点状的高光图像，效果如图 3-97 所示。

图 3-97

■ 3.3.4　作品优化与修饰

　　人物主体填充完颜色后，接下来对尾鳍装饰和雨伞进行填色，然后整体调整优化，最后置入薄纱和星光进行修饰。

Step01 在"尾鳍装饰"图层组下方新建"雨伞"图层组，依次填充颜色，如图 3-98～图 3-100 所示。

图 3-98

图 3-99

图 3-100

Step02 继续填充雨伞颜色，如图 3-101～图 3-103 所示。

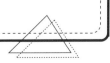

| 图 3-101 | 图 3-102 | 图 3-103 |

Step03 选中"图层 1"，单击"图层"面板底部的"创建新图层"按钮，选择"画笔工具"在视图中绘制浅绿色的背景颜色，如图 3-104 所示。

Step04 新建图层，在"画笔设置"面板中设置画笔参数，如图 3-105 所示。

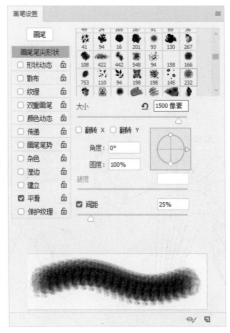

| 图 3-104 | 图 3-105 |

Step05 选择"画笔工具"绘制浅蓝色背景色，如图 3-106 所示。

Step06 调整画笔大小，选择"画笔工具"在右侧继续绘制背景颜色，更改图层"填充"为 72%，如图 3-107 所示。

Step07 新建图层，调整画笔大小，选择"画笔工具"在人鱼尾部绘制蓝色的阴影图像，如图 3-108 所示。调整其所在图层的"填充"为 77%。

Step08 新建图层，选择"画笔工具"继续绘制蓝色痕迹，营造出大海的效果，效果如图 3-109 所示。

图 3-106　　　　　　　　　　　　图 3-107

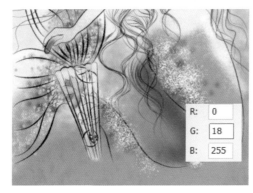

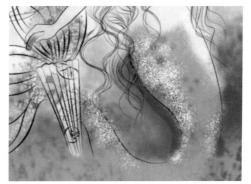

图 3-108　　　　　　　　　　　　图 3-109

Step09 将绘制的背景颜色所在图层编组，命名为"背景色"，如图 3-110 所示。

Step10 在"人鱼轮廓"图层组上方新建图层，并选择"画笔工具"在人鱼尾部下方进行绘制，强化置身于海底的效果，如图 3-111 所示。

图 3-110　　　　　　　　　　　　图 3-111

Step11 选中"图层"面板中最上方的图层，执行"文件"|"打开"命令，打开"薄纱和星光 .psd"素材文件，将素材中除背景外的图层复制到当前正在编辑的文件中，完成人鱼的创建过程，如图 3-112、图 3-113 所示。

图 3-112　　　　　　　　　　图 3-113

至此，完成人鱼插画的绘制。

第<4>章

写实冰淇淋插画设计

内容导读

　　本章绘制的冰淇淋，属于写实类的插画。写实就是对现实事物采用逼真的刻画手法，来表达出唯美的画面意境，重在写实、细致刻画事物，来表现一种情感，传达一种信息。

4.1 创作思路

本章绘制的是一款冰淇淋插画，如图 4-1 所示。

设计思想：写实类的插画以逼真为主，观察日常生活中的元素进行临摹，并二次创作。本插画选择常用的白色纸杯加上品牌标志，纸杯里的物品以冰淇淋为主，选一些水果进行搭配。

应用场合：宣传单页（只作为单个元素）。

难度指数：★★★☆☆

图 4-1

4.2 实现过程

本案例主要运用 Photoshop 软件。冰淇淋可分为两个部分：一个是容器（纸杯），一个是内容（冰淇淋）。容器可使用基础的绘图工具进行绘制，内容部分使用钢笔工具进行绘制。若要使其真实，后期的填色部分和阴影的处理尤为重要

■ 4.2.1 绘制纸杯

下面将对纸杯的绘制进行介绍，主要用到椭圆工具、矩形工具、画笔工具、图层样式、渐变填充以及文字工具。

Step01 执行"文件"|"新建"命令，在弹出的"新建文档"对话框中设置参数，如图 4-2 所示。

Step02 单击"图层"面板底部的"创建新的填充或调整图层"按钮，选择"渐变"选项，如图 4-3 所示。

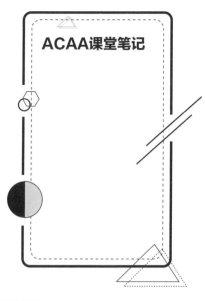

图 4-2

图 4-3

Step03 在弹出的"渐变填充"对话框中单击渐变条,弹出"渐变编辑器"对话框,设置渐变颜色,单击"确定"按钮,创建渐变填充效果,如图 4-4、图 4-5 所示。

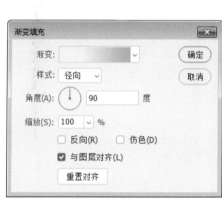

图 4-4

图 4-5

Step04 选择工具箱中的"椭圆工具",绘制白色椭圆图形,如图 4-6 所示。

Step05 按住 Alt 键复制并向下移动图形,调整椭圆形状,如图 4-7 所示。

图 4-6

图 4-7

Step06 选择"矩形工具"在椭圆所在图层上绘制矩形，在属性栏中单击"路径操作"按钮，在下拉列表中选择"合并形状"选项，如图 4-8 所示。

Step07 选择"直接选择工具"对路径进行变形，如图 4-9 所示。

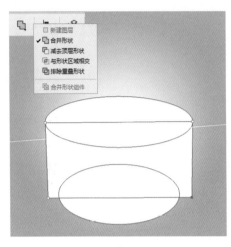

图 4-8　　　　　　　　　　　　　　　　图 4-9

Step08 双击图层缩览图，在弹出的"拾色器（纯色）"对话框中调整图形的颜色，如图 4-10、图 4-11 所示。

图 4-10　　　　　　　　　　　　　　　　图 4-11

Step09 单击"图层"面板底部的"添加图层样式"按钮，在弹出的菜单中选择"内发光"命令，设置内发光效果，如图 4-12 所示。

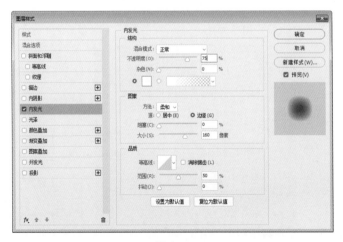

图 4-12

Step10 在"椭圆 1"图层下新建图层，设置前景色为灰色，选择"画笔工具"在图像底部进行绘制，如图 4-13 所示。

Step11 复制"椭圆 1"，在图层名称处右击，在弹出的快捷菜单中选择"清除图层样式"命令，清除图层样式，删除图 4-14 中除椭圆路径以外的路径。

图 4-13   图 4-14

Step12 双击"椭圆 1 副本"图层空白处，在弹出的"图层样式"对话框中设置"渐变叠加"效果参数，如图 4-15、图 4-16 所示。

图 4-15   图 4-16

Step13 按住 Ctrl 键，单击"椭圆 1"图层缩览图，将图形载入选区，如图 4-17 所示。

Step14 设置前景色为浅灰色，新建图层，选择"画笔工具"在选区中进行绘制。使用"路径选择工具"选中"椭圆 1"中的椭圆路径，并将其载入选区，删除选区中上一步绘制的图像，如图 4-18 所示。

图 4-17   图 4-18

Step15 选择"横排文字工具"，单击并输入字母"SNOG"，单击属性栏中的"创建文字变形"按钮，在弹出的"变形文字"对话框中设置参数，如图4-19、图4-20所示。

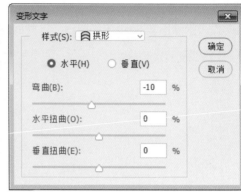

图 4-19

图 4-20

Step16 输入商标符号"TM"，并调整位置，如图4-21所示。

图 4-21

■ 4.2.2 绘制水果

水果主要选择的是葡萄、猕猴桃，主要用到椭圆工具、钢笔工具、画笔工具以及渐变填充。

Step01 单击"图层"面板底部的"创建新组"按钮，新建图层组，双击组名称将其重命名为"葡萄"。新建图层，选择"椭圆选框工具"绘制椭圆选区，按Alt+Delete组合键填充前景色，如图4-22所示。

Step02 为该图层添加"内发光"效果，如图4-23所示。

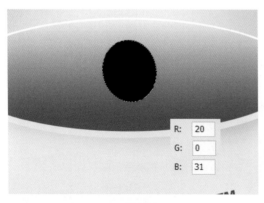

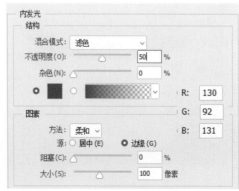

图 4-22

图 4-23

Step03 新建图层，载入选区，设置前景色为青色，选择"画笔工具"在选区中进行绘制，创建出葡萄上的受光颜色，如图 4-24 所示。

Step04 新建图层，设置前景色为蓝色，选择"画笔工具"在选区中进行绘制，创建出葡萄上的受光颜色，如图 4-25 所示。

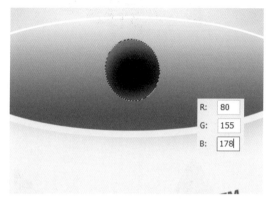
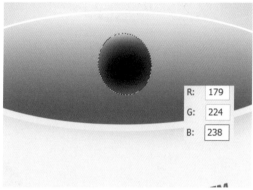

图 4-24   图 4-25

Step05 新建图层，设置前景色为白色，选择"画笔工具"在选区中进行绘制，创建出葡萄上的受光颜色，如图 4-26 所示。

Step06 复制"葡萄"图层组，调整图像的大小及位置，如图 4-27 所示。

图 4-26   图 4-27

Step07 复制并缩小葡萄图像，如图 4-28 所示。选中所有小葡萄图层，在图层上右击，然后在弹出的菜单中选择"合并图层"选项，合并图层，减小文档的大小。

Step08 新建图层，设置前景色为黑色，选择"画笔工具"在小葡萄上进行绘制，在"图层"面板中调整图层的混合模式为"柔光"，加深图像的颜色，如图 4-29 所示。

Step09 单击"路径"面板底部的"创建新路径"按钮，新建"路径 1"，选择"钢笔工具"绘制路径，如图 4-30 所示。

Step10 单击"路径"面板底部的"将路径作为选区载入"按钮，将路径载入选区，然后新建"猕猴桃"图层组并新建图层，选区填充为绿色，如图 4-31 所示。

图 4-28

图 4-29

图 4-30

图 4-31

Step11 执行"选择"|"变换选区"命令，缩小选区，如图 4-32 所示。

图 4-32

Step12 在"图层"面板中选择"渐变填充"选项，为选区填充渐变效果，如图 4-33、图 4-34 所示。

Step13 单击"创建新的填充或调整图层"按钮，在弹出的菜单中选择"图案填充"选项，在打开的"图案填充"对话框中设置图案为"混凝土"，如图 4-35 所示。单击"确定"按钮，填充选区，如图 4-36 所示。

ACAA课堂笔记

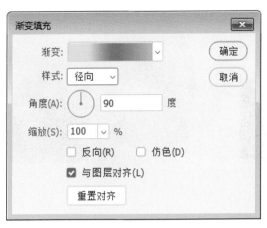

图 4-33

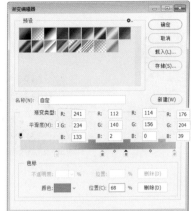

图 4-34

图 4-35

图 4-36

Step14 调整"图案填充1"图层的混合模式为"柔光",如图 4-37 所示。

Step15 按住 Alt 键单击图层蒙版缩览图,选择"画笔工具"在蒙版中进行绘制,隐藏部分图案,如图 4-38 所示。

图 4-37

图 4-38

Step16 选择"画笔工具",在属性栏中设置画笔大小为 13pt。新建图层,绘制猕猴桃的籽,然后复制猕猴桃籽并调整旋转角度,如图 4-39、图 4-40 所示。

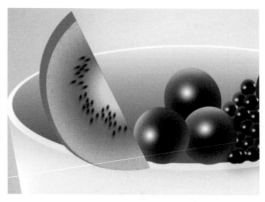

图 4-39　　　　　　　　　　　　　　图 4-40

Step17 按住 Shift 键单击"椭圆 1 副本"载入选区，按 Ctrl+Shift+I 组合键反向选择，在猕猴桃皮所在图层选择"橡皮擦工具"擦除多余部分图像，如图 4-41 所示。

Step18 在果肉所在图层的图层蒙版中用黑色"画笔工具"进行绘制，隐藏果肉图像，如图 4-42 所示。

图 4-41　　　　　　　　　　　　　　图 4-42

Step19 复制并调整前面绘制的猕猴桃图像，调整图像的显示顺序，完成水果的绘制，如图 4-43 所示。

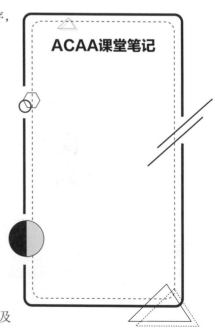

ACAA课堂笔记

图 4-43

4.2.3　绘制冰淇淋

绘制冰淇淋部分，主要用到路径、钢笔工具、画笔工具以及填充工具。

Step01 在"路径"面板中新建"路径2"，选择"钢笔工具"绘制路径，如图4-44所示。

Step02 新建"冰淇淋1"图层组并新建图层，设置前景色为浅绿色，使用"路径选择工具"选中其中一部分路径，单击"路径"面板底部的"用前景色填充"按钮，如图4-45所示。

图 4-44

图 4-45

Step03 继续为剩下的路径填充颜色，效果如图4-46所示。

Step04 在色块所在图层的下方新建图层，设置前景色为咖啡色，选择"画笔工具"绘制色块，柔化色块的边缘，如图4-47所示。

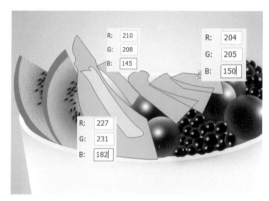

图 4-46

图 4-47

Step05 在"路径"面板中新建"路径3"，选择"钢笔工具"绘制路径，如图4-48所示。

Step06 新建"冰淇淋2"图层组并新建图层，设置前景色为浅黄色，选择"路径选择工具"选中其中一部分路径，并填充路径，如图4-49所示。

图 4-48

图 4-49

Step07 将选中的路径载入选区，新建图层，选择"画笔工具"绘制阴影，如图 4-50 所示。

Step08 使用相同的方法继续填充路径，如图 4-51 所示。

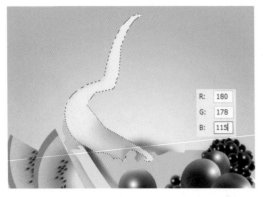
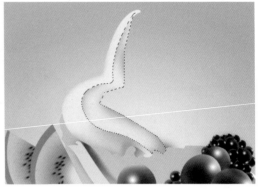

图 4-50
图 4-51

Step09 使用相同的方法继续填充路径，如图 4-52、图 4-53 所示。

图 4-52
图 4-53

Step10 新建图层，设置前景色为白色，选择"画笔工具"绘制冰淇淋图像上的高光效果，如图 4-54 所示。

Step11 新建图层，设置前景色为深紫色，选择"画笔工具"绘制容器边缘的投影效果，增强图像的真实感，如图 4-55 所示。

图 4-54
图 4-55

至此，完成冰淇淋插画的绘制。

第 5 章

咖啡广告插画设计

内容导读

本章绘制的咖啡广告插画，整体比较立体、逼真、写实，属于三维立体的插画设计，就是通过各种编辑方法，绘制出照片级别效果的一种绘画方法。成品根据需要可作为插画海报。

5.1 创作思路

本章绘制的咖啡插画如图 5-1 所示。

设计思想：主体图像咖啡杯与背景色调统一，但由于立体化的效果呈现，以及托盘底部的投影衬托，使其与背景明显地分离开来，就像一个真实的杯子摆在那里一般。最后在画面中添加了柠檬和烟雾图像作为点缀，更突显了三维空间感，完善了整个设计构架。

应用场合：明信片、宣传海报。

难度指数：★★★★☆

图 5-1

5.2 实现过程

本案例主要运用 Photoshop 软件的渐变工具创建背景，选择钢笔工具绘制主体图像杯子，椭圆选区工具绘制碟盘，渐变工具和画笔工具进行填色和阴影的处理，最后绘制柠檬片、置入烟雾进行装饰。

■ 5.2.1 绘制主体图像咖啡杯

下面将对咖啡杯的绘制进行介绍，主要用到钢笔工具、渐变工具、蒙版、加深工具、减淡工具、图层样式以及滤镜。

Step01 执行"文件"|"新建"命令，打开"新建文档"对话框，设置参数，如图 5-2 所示。单击"确定"按钮完成设置，创建一个新文档。

ACAA课堂笔记

Step02 单击"图层"面板底部的"创建新的调整或填充图层"按钮，在弹出的菜单中选择"渐变"选项，打开"渐变填充"对话框，单击其中的渐变色条，在弹出的"渐变编辑器"对话框中设置参数，如图 5-3、图 5-4 所示。

图 5-2   图 5-3   图 5-4

Step03 效果如图 5-5 所示。

Step04 单击"路径"面板底部的"创建新路径"按钮，创建新路径，选择"钢笔工具"为咖啡杯绘制路径，如图 5-6 所示。

 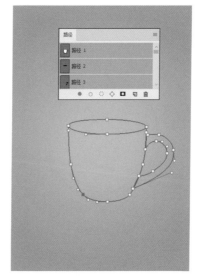

图 5-5   图 5-6

Step05 新建"组 1"图层组，按 Ctrl+Enter 组合键将路径转换为选区，然后分别在新图层中为选区填充颜色，如图 5-7、图 5-8 所示。

Step06 双击"图层 2"，在弹出的"图层样式"对话框"渐变叠加"选项中设置参数，如图 5-9 所示。单击"确定"按钮关闭对话框，为图像添加渐变填充效果，如图 5-10 所示。

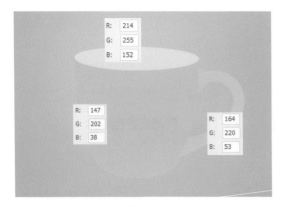

图 5-7   图 5-8

图 5-9   图 5-10

Step07 单击"图层"面板底部的"添加图层蒙版"按钮，为"图层 2"添加图层蒙版，选择"画笔工具"擦除图像，将部分图像隐藏，使图像边缘出现渐隐效果，如图 5-11 所示。

Step08 选择"钢笔工具"在杯口绘制路径，如图 5-12 所示。

图 5-11   图 5-12

Step09 按 Ctrl+Enter 组合键将路径转换为选区。执行"选择"|"修改"|"羽化"命令，打开"羽化选区"对话框，设置参数，单击"确定"按钮完成设置。在新图层中为选区填充浅绿色，如图 5-13 所示。

Step10 分别选择"加深工具"和"减淡工具"修饰细节图像，得到立体的杯口效果，如图 5-14 所示。

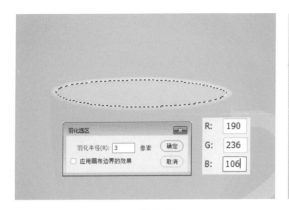

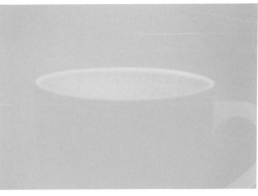

图 5-13   图 5-14

Step11 选择"椭圆选框工具"绘制椭圆选区,新建图层,并为选区填充浅绿色。按 Ctrl+D 组合键取消选区,如图 5-15、图 5-16 所示。

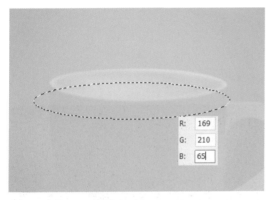

图 5-15   图 5-16

Step12 为"图层 5"添加图层蒙版,按住 Shift 键单击"图层 4"载入选区。按 Ctrl+Shift+I 组合键反向选择,在"图层 5"使用"画笔工具"(前景色为黑色)擦除多余部分图像,如图 5-17 所示。

Step13 选择"图层 3",单击"图层"面板底部的"添加图层样式"按钮,在弹出的菜单中选择"斜面和浮雕"选项,在弹出的"图层样式"对话框中设置参数,为图像添加斜面和浮雕效果,如图 5-18 所示。

图 5-17   图 5-18

Step14 效果如图 5-19 所示。

Step15 为该图层添加图层蒙版，选择"画笔工具"将图像边缘隐藏，使杯子与手柄之间得到自然衔接的效果，如图 5-20 所示。

图 5-19   图 5-20

Step16 按住 Ctrl 键单击"图层 2"缩览图，将图层的选区载入。执行"窗口"|"通道"命令，在弹出的"通道"面板中新建"Alpha 1"通道，为选区填充白色，如图 5-21 所示。

Step17 按住 Alt 键移动选区，填充选区为黑色，如图 5-22 所示。按 Ctrl+D 组合键取消选区。

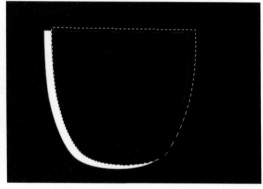

图 5-21   图 5-22

Step18 执行"滤镜"|"模糊"|"高斯模糊"命令，在弹出的"高斯模糊"对话框中设置参数，如图 5-23 所示。单击"确定"按钮完成设置，为图像添加高斯模糊。

Step19 按住 Ctrl 键单击"Alpha 1"通道缩览图，将通道作为选区载入。新建"图层 6"，为选区填充颜色，如图 5-24 所示。

Step20 按住 Ctrl 键将"图层 1"的选区载入，按 Ctrl+Shift+I 组合键反转选区。按 Delete 键删除选区内的图像，得到图 5-25 所示效果。

Step21 将"图层 1"的选区载入，并在新建的"Alpha 2"通道中为选区填充白色。按住 Alt 键移动选区至右上角位置，填充黑色，并取消选区，得到图 5-26 所示效果。

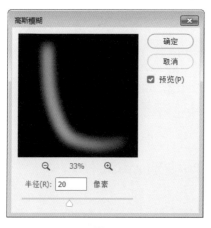

图 5-23

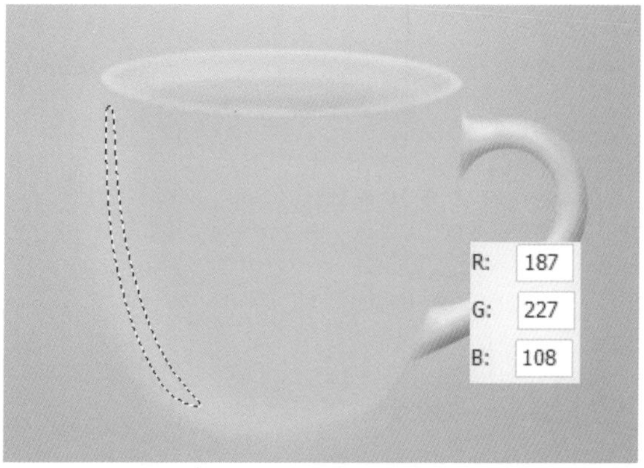

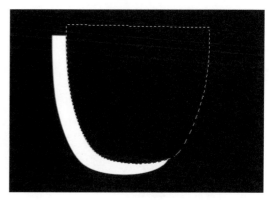

图 5-24

图 5-25

图 5-26

Step22 执行"滤镜"|"模糊"|"高斯模糊"命令，在弹出的"高斯模糊"对话框中设置参数，如图 5-27 所示。单击"确定"按钮完成设置，为图像添加高斯模糊。

Step23 按住 Ctrl 键单击"Alpha 2"通道缩览图，将通道作为选区载入。新建"图层 7"，为选区填充颜色，按住 Ctrl 键将"图层 1"的选区载入，按 Ctrl+Shift+I 组合键反转选区。按 Delete 键删除选区内的图像，如图 5-28 所示。

图 5-27

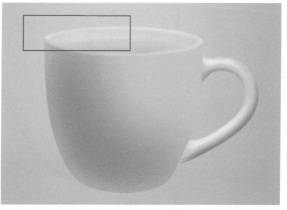

图 5-28

Step24 调整 "图层 6" 和 "图层 7" 到 "图层 2" 下方，如图 5-29、图 5-30 所示。

图 5-29

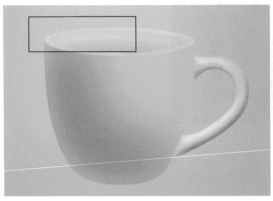

图 5-30

Step25 将 "图层 1" 的选区载入，选择 "椭圆选框工具"，在属性栏中单击 "与选区交叉" 按钮 🔲，绘制椭圆选区得到新选区。新建 "图层 8"，为选区填充颜色，如图 5-31 所示。

Step26 执行 "滤镜" |"模糊" |"高斯模糊" 命令，在弹出的 "高斯模糊" 对话框中设置参数，如图 5-32 所示。单击 "确定" 按钮完成设置，为图像添加高斯模糊。

图 5-31

图 5-32

Step27 将 "图层 2" 的选区载入，反转选区，并删除选区内的图像，效果如图 5-33 所示。

图 5-33

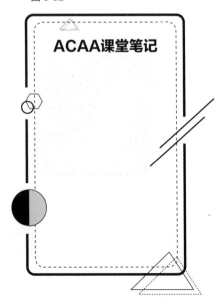

ACAA课堂笔记

为咖啡杯制作立体效果，主要运用的是钢笔工具、图层蒙版、混合模式、图层样式、画笔工具以及自由变换。

Step01 在"路径"面板中新建路径图层，选择"钢笔工具"绘制图路径，如图 5-34 所示。

Step02 按 Ctrl+Enter 组合键将路径转换为选区。执行"选择"|"修改"|"羽化"命令，打开"羽化选区"对话框，设置参数，单击"确定"按钮完成设置，如图 5-35 所示。

图 5-34

图 5-35

Step03 新建"图层 9"，为选区填充颜色，如图 5-36 所示。

Step04 按住 Ctrl 键单击"图层 1"图层缩览图，将图层的选区载入。按 Ctrl+Shift+I 组合键反转选区，按 Delete 键删除选区内的图像，如图 5-37 所示。

图 5-36

图 5-37

Step05 为该图层添加图层蒙版，选择"画笔工具"修饰图像，如图 5-38 所示。

Step06 更改图层混合模式为"强光"，如图 5-39 所示。

Step07 按 Ctrl+J 组合键复制图层，按 Ctrl+T 组合键调整图像大小与位置，并选择"画笔工具"调整图像，如图 5-40 所示。

Step08 在"路径"面板中新建路径图层，选择"钢笔工具"绘制图路径，如图 5-41 所示。

第 5 章 咖啡广告插画设计

图 5-38   图 5-39

图 5-40   图 5-41

Step09 将路径转换为选区，并在新建的"图层10"中为选区填充颜色，如图5-42所示。

Step10 为该图层添加图层蒙版，选择"画笔工具"修饰图像，如图5-43所示。

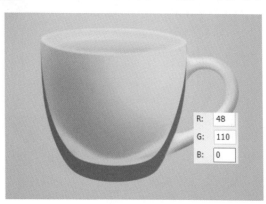

图 5-42   图 5-43

Step11 在"路径"面板中新建路径图层，选择"钢笔工具"绘制图路径，将路径转换为选区，并在新建的"图层10"中为选区填充颜色，如图5-44所示。

Step12 高斯模糊4像素，按住Ctrl键单击"图层1"图层缩览图，将图层的选区载入。按Ctrl+Shift+I组合键反转选区，按Delete键删除选区内的图像，如图5-45所示。

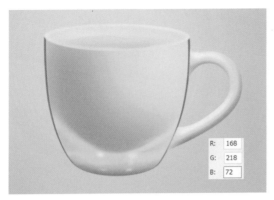

图 5-44 图 5-45

Step13 选择"画笔工具"为咖啡杯绘制高光部分，如图 5-46 所示。

Step14 按住 Ctrl 键单击"路径 2"路径缩览图，将路径作为选区载入。按住 Ctrl+Alt 组合键，单击"路径 4"路径缩览图得到选区，如图 5-47 所示。

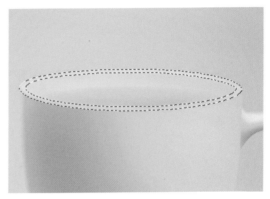

图 5-46 图 5-47

Step15 在"图层 5"上方新建"图层 13"，为选区填充白色，取消选区，如图 5-48 所示。

Step16 为该图层添加图层蒙版，选择"画笔工具"修饰图像，如图 5-49 所示。

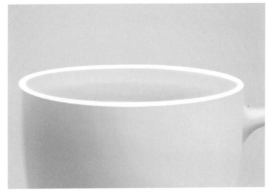

图 5-48 图 5-49

Step17 在"路径"面板中新建路径图层，选择"钢笔工具"绘制路径，如图 5-50 所示。

Step18 将路径转换为选区，新建"图层 14"，为选区填充白色，如图 5-51 所示。

图 5-50 图 5-51

Step19 单击"添加图层样式"按钮，在弹出的菜单中选择"外发光"选项，在弹出的"图层样式"对话框中设置参数，如图 5-52 所示。

Step20 为该图层添加图层蒙版，选择"画笔工具"修饰图像，设置该图层的"不透明度"为 50%，效果如图 5-53 所示。

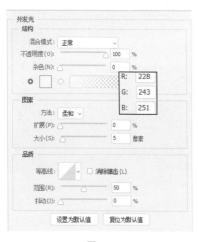

图 5-52 图 5-53

Step21 复制"图层 3"，新建"图层 16"，合并这两个图层。按 Ctrl+T 组合键调整图像大小与位置，如图 5-54 所示。

Step22 右击鼠标，在弹出的快捷菜单中选择"变形"选项，如图 5-55 所示。

图 5-54 图 5-55

Step23 调整完成后按 Enter 键，效果如图 5-56 所示。

Step24 为该图层添加图层蒙版，选择"画笔工具"修饰图像，设置该图层的"不透明度"为 30%，效果如图 5-57 所示。

图 5-56

图 5-57

Step25 在"路径"面板中新建路径图层，选择"钢笔工具"绘制图路径，将路径转换为选区，如图 5-58 所示。

Step26 执行"选择"|"修改"|"羽化"命令，打开"羽化选区"对话框，设置参数，单击"确定"按钮完成设置，填充颜色如图 5-59 所示。

图 5-58

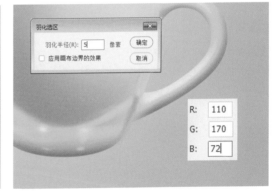
图 5-59

Step27 为该图层添加图层蒙版，选择"画笔工具"修饰图像，设置该图层混合模式为"正片叠底"，设置"不透明度"为 50%，如图 5-60、图 5-61 所示。

图 5-60

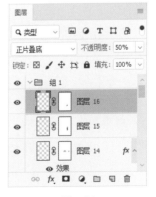
图 5-61

Step28 在"图层 8"上方新建"图层 17",并将"图层 2"的选区载入,设置前景色,选择"画笔工具"在杯口位置绘制细节图像,如图 5-62 所示。

图 5-62

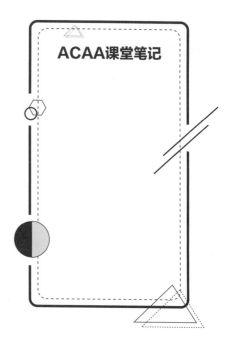

5.2.3 绘制碟盘

绘制碟盘部分主要运用到椭圆选区工具、图层蒙版、画笔工具以及钢笔工具。

Step01 在"组 1"图层组下方新建"组 2"。选择"椭圆选框工具"在咖啡杯底部绘制椭圆选区,在新图层中为选区填充颜色,如图 5-63 所示。

Step02 选择"钢笔工具"在碟子底部绘制路径,如图 5-64 所示。

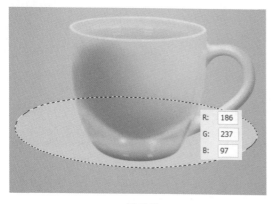

图 5-63

图 5-64

Step03 将路径转换为选区,分别在新图层中为选区填充浅绿色和深绿色。选择"图层 19"和"图层 20",按 Ctrl+[组合键,调整图层向下移一层,如图 5-65 所示。

Step04 为"图层 19"添加图层蒙版,选择"画笔工具"将不需要的图像擦除,使碟子边缘更为圆滑,如图 5-66 所示。

Step05 新建"图层 21",按 Ctrl+Alt+G 组合键创建剪贴蒙版,选择"画笔工具"为碟子内侧绘制细节图像,增强图像立体效果,如图 5-67 所示。

Step06 使用相同的方法,继续创建剪贴蒙版,选择"画笔工具"绘制细节图像,如图 5-68 所示。

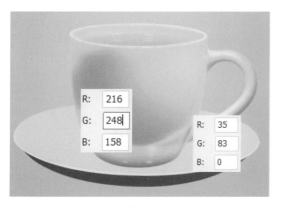

图 5-65

图 5-66

图 5-67

图 5-68

Step07 在"路径"面板中新建路径图层，选择"钢笔工具"绘制图路径，将路径转换为选区，如图 5-69 所示。

Step08 在"图层 22"上方新建"图层 23"，为选区填充黑色，如图 5-70 所示。

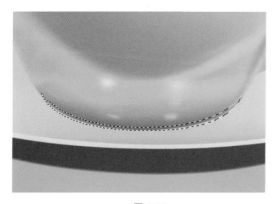

图 5-69

图 5-70

Step09 在"图层 23"下方新建"图层 24"，选择"画笔工具"在咖啡杯底部绘制投影效果，如图 5-71 所示。

Step10 在"路径"面板中新建路径图层，选择"钢笔工具"绘制图路径，将路径转换为选区，如图 5-72 所示。

图 5-71　　　　　　　　　　　　　　　　图 5-72

Step11 在新创建的图层中为选区填充颜色，如图 5-73 所示。

Step12 为该图层添加图层蒙版，选择"画笔工具"修饰图像，如图 5-74 所示。

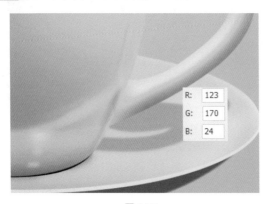

图 5-73　　　　　　　　　　　　　　　　图 5-74

Step13 在"路径"面板中新建路径图层，选择"钢笔工具"绘制图路径。将路径转换为选区，执行"选择"|"修改"|"羽化"命令，打开"羽化选区"对话框，设置参数，单击"确定"按钮完成设置，如图 5-75 所示。

Step14 在"图层 19"底部新建"图层 26"，并为选区填充黑色，如图 5-76 所示。

图 5-75　　　　　　　　　　　　　　　　图 5-76

Step15 在"路径"面板中新建路径图层，选择"钢笔工具"绘制图路径，如图 5-77 所示。

Step16 分别将路径转换为选区，并设置其"羽化半径"为 10 像素，分别在新图层中为选区填充绿色和浅黄色，效果如图 5-78 所示。

图 5-77

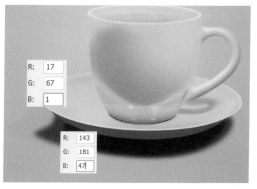
图 5-78

■ 5.2.4　添加装饰图像和文本

装饰物选择的是柠檬。绘制柠檬主要使用钢笔工具，填充后使用滤镜进行后期处理。置入烟雾素材，选择"钢笔工具"绘制文本部分。

Step01　在"路径"面板中新建路径图层，选择"钢笔工具"在咖啡杯左侧为柠檬绘制路径，如图 5-79 所示。

Step02　新建"组 3"图层组，分别将路径转换为选区，在新图层中为选区填充浅黄色、白色和黄色，如图 5-80 所示。

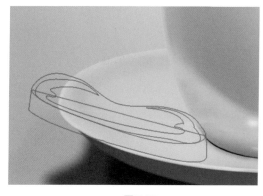
图 5-79

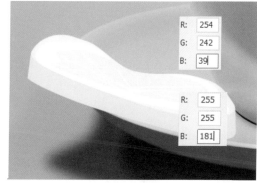
图 5-80

Step03　选择"图层 31"，执行"滤镜"|"杂色"|"添加杂色"命令，在弹出的"添加杂色"对话框中设置参数。完成设置后，单击"确定"按钮关闭对话框，为图像添加滤镜效果，如图 5-81 所示。

Step04　执行"滤镜"|"杂色"|"中间值"命令，在弹出的"中间值"对话框中设置参数。完成设置后，单击"确定"按钮关闭对话框，为图像添加滤镜效果，如图 5-82 所示。

Step05　单击"图层"面板中的"锁定透明像素"按钮图，将"图层 31"透明像素锁定，如图 5-83 所示。

图 5-81　　　　　　　　　　　图 5-82　　　　　　　　　　　图 5-83

Step06 执行"滤镜"|"模糊"|"高斯模糊"命令，在弹出的"高斯模糊"对话框中设置参数。完成设置后，单击"确定"按钮关闭对话框，为图像添加高斯模糊效果，如图 5-84 所示。

Step07 双击"图层 29"，在弹出的"图层样式"对话框的"渐变叠加"选项中设置参数，为图像添加渐变叠加效果，如图 5-85 所示。

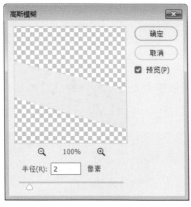

图 5-84　　　　　　　　　　　　　　　图 5-85

Step08 为该图层添加图层蒙版，选择"画笔工具"将部分图像覆盖，如图 5-86、图 5-87 所示。

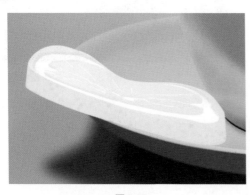

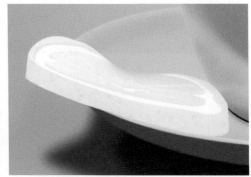

图 5-86　　　　　　　　　　　　　　　图 5-87

Step09 双击"图层 30"，在弹出的"图层样式"对话框中为"渐变叠加"与"斜面和浮雕"选项分别设置参数，如图 5-88、图 5-89 所示。

Step10 在"路径"面板中新建路径图层，选择"钢笔工具"绘制路径，将路径转换为选区，如图 5-90 所示。

Step11 在"图层 31"下方新建"图层 32"，为选区填充绿色并取消选区。为该图层添加图层蒙版，利用"画笔工具"将不需要的图像隐藏，得到柠檬图像的投影效果，如图 5-91 所示。

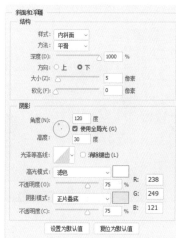

图 5-88　　　　　　　　　　　　　　　　图 5-89

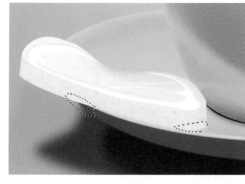

图 5-90

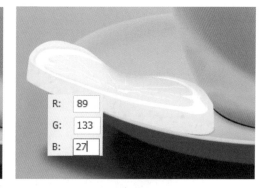

图 5-91

Step12 在"路径"面板中新建路径图层，选择"钢笔工具"绘制路径。将路径转换为选区，执行"选择"|"修改"|"羽化"命令，打开"羽化选区"对话框，设置参数，单击"确定"按钮完成设置，如图 5-92 所示。

Step13 新建"图层 33"，为选区填充颜色，为该图层添加图层蒙版，选择"画笔工具"修饰图像，如图 5-93 所示。

图 5-92

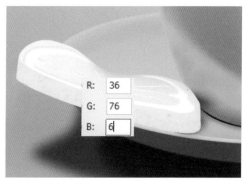

图 5-93

Step14 按住 Ctrl 键选择"图层 29""图层 30"和"图层 31"3 个图层，按 Ctrl+J 组合键复制图层，按 Ctrl+E 组合键合并图层，按 Ctrl+T 组合键调整图像的位置与大小，如图 5-94 所示。

Step15 右击鼠标，在弹出的菜单中选择"变形"选项，按 Enter 键完成对图像的调整，如图 5-95 所示。

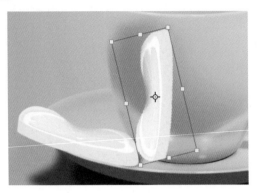
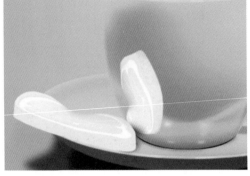

图 5-94　　　　　　　　　　　　　　　　图 5-95

Step16 为该图层添加图层蒙版，选择"画笔工具"修饰图像，调整该图层位置到"图层 32"下方，设置"不透明度"为 30%，如图 5-96、图 5-97 所示。

图 5-96　　　　　　　　　　　　　　　　图 5-97

Step17 选择"图层 30"，按住 Ctrl+Shift 组合键分别单击"图层 31""图层 29"的图层缩览图，将图层的选区载入。单击"创建新的调整或填充图层"按钮，在弹出的菜单中选择"曲线"选项，在打开的"属性"面板中调整参数，如图 5-98、图 5-99 所示。

图 5-98　　　　　　　　　　　　　　　　图 5-99

Step18 执行"文件"|"打开"命令，打开"素材.jpg"文件，拖动素材图像到该文件中，如图 5-100 所示。

Step19 更改图层混合模式为"滤色"，如图 5-101 所示。

图 5-100   图 5-101

Step20 在"路径"面板中新建路径图层，选择"钢笔工具"绘制路径，将路径转换为选区，如图 5-102 所示。

Step21 在新图层中为选区填充颜色，如图 5-103 所示。

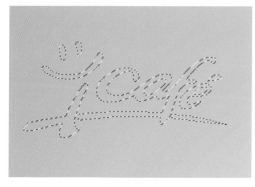

图 5-102   图 5-103

移动图形到合适的位置，最终效果如图 5-104 所示。

 ACAA课堂笔记

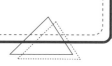

图 5-104

至此，完成咖啡广告插画的绘制。

 **ACAA课堂笔记**

第6章

奇幻风格的插画设计

内容导读

本章要制作的是一个奇幻风格的插画实例。本实例以狮子和犀牛的头像为载体，利用画笔笔触与图层样式的结合，体现出动物图腾从香炉中腾空而出的奇幻效果。

6.1 创作思路

本章绘制的是一幅奇幻风格的插画，如图 6-1 所示。

设计思想：奇幻风格的插画一般可以使其色调偏蓝紫系。背景选择古建筑加香炉，然后选择合适的图像，使用钢笔工具进行绘制，最后添加光影效果。

应用场合：书籍插画、宣传海报。

难度指数：★★★★☆

图 6-1

6.2 实现过程

本案例主要运用 Photoshop 软件，背景图像抠图拼接合成后，使用蓝紫系调色处理。主体图像狮子和犀牛置入后，使用钢笔工具创建路径，画笔工具进行修饰；绘制完成后，运用图层样式创建光影效果。

■ 6.2.1 创建背景和香炉图像

下面将对背景和香炉部分的处理进行介绍，主要用到钢笔工具抠图以及运用色彩平衡、亮度 / 对比度以及色相 / 饱和度调色，选择减淡工具和加深工具调整图像。

Step01 执行"文件"|"新建"命令，在弹出的"新建文档"对话框中设置参数，如图 6-2 所示，单击"创建"按钮，创建一个新文件。

Step02 执行"文件"|"置入嵌入对象"命令，置入"寺庙.jpg"，按 Ctrl+T 组合键调整图像大小，如图 6-3 所示。

图 6-2　　　　　　　　　　　　　图 6-3

Step03 按 Ctrl+J 组合键复制该图层，右击复制的图层，在弹出的菜单中选择"栅格化图层"选项，隐藏原图层，如图 6-4 所示。

Step04 选择"加深工具"涂抹主体，加深图像，如图 6-5 所示。

图 6-4　　　　　　　　　　　　　图 6-5

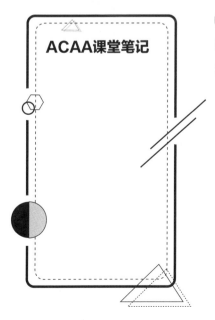

ACAA课堂笔记

Step05 执行"滤镜"|"模糊"|"高斯模糊"命令，在弹出的"高斯模糊"对话框中设置参数，如图 6-6 所示。单击"确定"按钮，为寺庙图像添加高斯模糊效果。

图 6-6

Step06 单击"图层"面板底部的"创建新的填充或调整图层"按钮，在弹出的菜单中选择"色彩平衡"选项，在弹出的"属性"面板中设置参数，调整整个背景图像的色调，如图 6-7 所示。

图 6-7

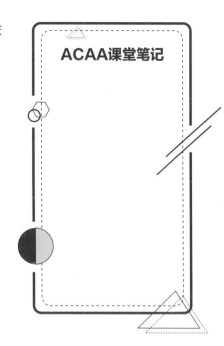

Step07 效果如图 6-8 所示。

Step08 执行"文件"|"打开"命令，打开"香炉.jpg"素材文件，如图 6-9 所示。

图 6-8

图 6-9

Step09 选择"钢笔工具"，在属性栏设置为"路径"模式，围绕香炉图像边缘绘制路径选区，创建出香炉的轮廓线条，删除背景部分，如图 6-10 所示。

Step10 使用"移动工具"拖动图像到"光影"文档中，按 Ctrl+T 组合键调整图像的大小、角度和位置，如图 6-11 所示。

Step11 右击鼠标，在弹出的快捷菜单中选择"水平翻转"命令，如图 6-12 所示。

Step12 单击"图层"面板底部的"创建新的填充或调整图层"按钮，在弹出的菜单中选择"亮度/对比度"选项。按 Ctrl+Alt+G 组合键创建剪贴蒙版后，在弹出的"属性"面板中设置参数，调整香炉图像的明暗关系，如图 6-13 所示。

图 6-10 图 6-11

图 6-12 图 6-13

Step13 按住 Shift 键双选"图层 1"和调整图层"亮度 / 对比度 1"，按 Ctrl+J 组合键复制图层，按 Ctrl+E 组合键合并图层，将合并的图层向下移动，如图 6-14 所示。

Step14 右击鼠标，在弹出的快捷菜单中选择"扭曲"命令，拖动控制点调整图像，如图 6-15 所示。

图 6-14 图 6-15

Step15 按 Ctrl+U 组合键，在弹出的"色相/饱和度"对话框中设置参数，如图 6-16 所示。

Step16 效果如图 6-17 所示。

图 6-16　　　　　　　　　　　　　　　　　　图 6-17

Step17 执行"滤镜"|"模糊"|"高斯模糊"命令，在弹出的"高斯模糊"对话框中设置参数，如图 6-18 所示。单击"确定"按钮，为寺庙图像添加高斯模糊效果。

Step18 设置图层的混合模式为"叠加"，如图 6-19 所示。

图 6-18　　　　　　　　　　　　　　　　　　图 6-19

Step19 选择"减淡工具"和"加深工具"调整图像，使阴影效果更逼真，如图 6-20 所示。

Step20 将调整图层移至最顶层，如图 6-21 所示。

图 6-20　　　　　　　　　　　　　　　　　　图 6-21

Step21 选择"减淡工具"和"加深工具"调整"图层 1"，进一步加强明暗调的对比，如图 6-22 所示。

Step22 按住 Shift 键选中全部图层，单击"创建新组"按钮新建图层组并重命名，如图 6-23 所示。

图 6-22

图 6-23

6.2.2　创建主体图像

置入图像后使用钢笔工具进行绘制，使用画笔工具进行修饰调整。

Step01 执行"文件"|"置入嵌入对象"命令，置入"狮子 .jpg"，按 Ctrl+T 组合键调整图像，更改图层"不透明度"为 50%，如图 6-24 所示。

Step02 隐藏"背景主体"图层组，在"路径"面板新建路径图层，选择"钢笔工具"绘制路径，如图 6-25 所示。

图 6-24

图 6-25

Step03 在"路径"面板中依次新建狮子头部图像的鬃毛轮廓路径，如图 6-26 ～图 6-31 所示。

图 6-26

图 6-27

图 6-28

图 6-29

图 6-30

图 6-31

Step04 选择"画笔工具",单击属性栏中的·按钮,在弹出的面板中选择"圆点硬"笔刷,如图 6-32 所示。

Step05 新建图层,设置前景色为白色,单击"用画笔描边路径"按钮,按 Ctrl+Enter 组合键创建选区,按 Ctrl+D 组合键取消选区,如图 6-33 所示。

图 6-32

图 6-33

Step06 使用相同的方法和参数继续为狮子头部以及其他鬃毛路径在不同的图层中进行描边,如图 6-34 所示。

Step07 复制"图层 7",按 Ctrl+T 组合键调整图像,如图 6-35 所示。

图 6-34   图 6-35

Step08 复制"图层 8",按 Ctrl+T 组合键调整图像,如图 6-36 所示。

Step09 在最顶层新建"图层 9",选择"画笔工具",在狮子图像面部连续单击,绘制圆点,构成毛孔图像,如图 6-37 所示。

图 6-36   图 6-37

Step10 新建图层,选择"画笔工具"绘制狮子的眼珠图像,在属性栏设置"不透明度"为 50%,绘制眼底图像,如图 6-38 所示。

Step11 复制"图层 2",选择"橡皮擦工具"擦除标注以外的图像,只突显部分轮廓,如图 6-39 所示。

图 6-38   图 6-39

Step12 隐藏"狮子"图层,显示"背景主体"图层组,如图 6-40 所示。

Step13 复制"图层 5",按 Ctrl+T 组合键调整图像,选择"橡皮擦工具"擦除下巴位置以外的鬃毛,如图 6-41 所示。

图 6-40 图 6-41

Step14 按住 Shift 键选择狮子相关图层创建图层组，并命名为"狮子"；新建图层组，命名为"犀牛"，如图 6-42 所示。

Step15 执行"文件"|"打开"命令，打开"犀牛.jpg"，选择"快速选择工具"，在属性栏中单击"选择主体"按钮，按 Ctrl+J 组合键复制图层，如图 6-43 所示。

图 6-42 图 6-43

Step16 选择"修补工具"框选犀牛头部部分，按 Ctrl+J 组合键复制，如图 6-44 所示。

Step17 使用"移动工具"拖动图像到"光影"文档中，按 Ctrl+T 组合键调整图像的大小、角度和位置，如图 6-45 所示。

图 6-44 图 6-45

Step18 在"路径"面板中新建路径图层，选择"钢笔工具"绘制路径，如图 6-46 所示。

Step19 新建图层，使用相同的方法为路径描边，并隐藏"图层11"（拖入的犀牛所在的图层），如图6-47所示。

图 6-46

图 6-47

Step20 复制"图层12"，选择"橡皮擦工具"擦除标注以外的图像，只突显部分轮廓，如图6-48、图6-49所示。

图 6-48

图 6-49

Step21 选择"画笔工具"，执行"文件"|"打开"命令，打开"眼珠.abr"画笔文件，载入眼珠画笔，单击"切换画笔设置"按钮，在"画笔设置"面板中设置参数，如图6-50所示。

Step22 新建图层，选择"画笔工具"在犀牛的眼睛位置绘制眼珠图像，按Ctrl+T组合键调整图像的大小、角度和位置，如图6-51所示。

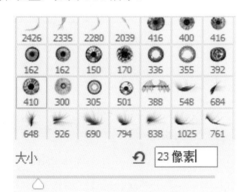

图 6-50

图 6-51

Step23 新建图层，选择"画笔工具"，在属性栏中设置笔刷为柔边圆，画笔大小为40像素，在眼珠图像上单击，绘制眼珠高光图像，如图 6-52 所示。

图 6-52

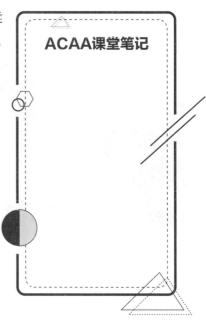

ACAA课堂笔记

■ 6.2.3　修饰主体图像

使用图层样式中的内发光与外发光对绘制好的狮子、犀牛图像进行处理。

Step01 双击"图层 2"，在弹出的"图层样式"对话框中选择"渐变叠加"选项并设置参数，如图 6-53、图 6-54 所示。

图 6-53

图 6-54

Step02 单击"内发光"选项，设置参数，如图 6-55 所示。

Step03 单击"外发光"选项，设置参数，如图 6-56 所示。单击"确定"按钮即可。

Step04 右击该图层，在弹出的快捷菜单中选择"拷贝图层样式"命令，选中"图层 3"，右击图层，在弹出的快捷菜单中选择"粘贴图层样式"命令，如图 6-57 所示。

Step05 选中"渐变叠加"，向下拖动至"删除图层"按钮处，删除该效果，如图 6-58 所示。

Step06 双击该图层，在弹出的"图层样式"对话框中更改"外发光"参数的设置，如图 6-59 所示。

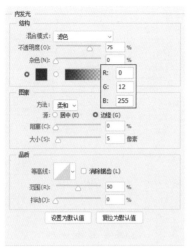

图 6-55 图 6-56

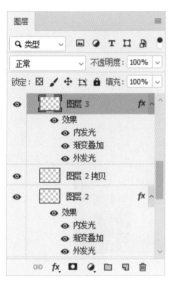

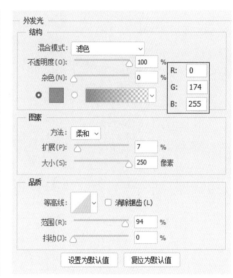

图 6-57 图 6-58 图 6-59

Step07 右击该图层，在弹出的快捷菜单中选择"拷贝图层样式"命令。选中"图层4"，右击图层，在弹出的快捷菜单中选择"粘贴图层样式"命令。双击该图层，在弹出的"图层样式"对话框中更改"外发光"效果参数的设置，如图6-60所示。

Step08 右击"图层5"，在弹出的快捷菜单中选择"粘贴图层样式"命令。双击该图层，在弹出的"图层样式"对话框中更改"外发光"效果参数的设置，如图6-61所示。

Step09 使用相同的方法，调整"图层6"的"外发光"效果参数，如图6-62所示。

Step10 右击"图层4"，在弹出的快捷菜单中选择"拷贝图层样式"命令。按住Ctrl键，选中"图层7""图层7拷贝""图层8""图层9"以及"图层5拷贝"，右击鼠标，在弹出的快捷菜单中选择"粘贴图层样式"命令，如图6-63所示。

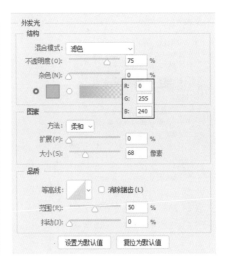

图 6-60

图 6-61

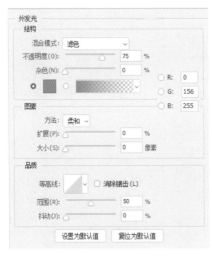

图 6-62

图 6-63

Step11 双击"图层 10",在弹出的"图层样式"对话框中为"渐变叠加"选项设置参数,如图 6-64、图 6-65 所示。

图 6-64

图 6-65

Step12 单击"内发光"选项，设置参数，如图 6-66 所示。

Step13 单击"外发光"选项，设置参数，如图 6-67 所示。单击"确定"按钮即可。

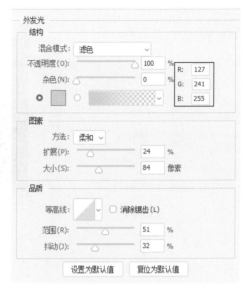

图 6-66   图 6-67

Step14 双击"图层 2 拷贝"，在弹出的"图层样式"对话框中为"外发光"选项设置参数，如图 6-68 所示。

Step15 效果如图 6-69 所示。

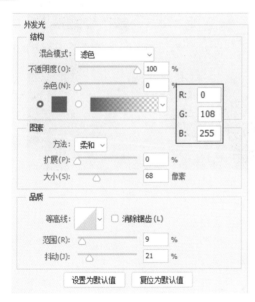

图 6-68   图 6-69

Step16 在"犀牛"图层组，双击"图层 12"，在弹出的"图层样式"对话框中为"外发光"选项设置参数，如图 6-70 所示。

Step17 拷贝"图层 10"的图层样式并粘贴至"图层 13"，如图 6-71 所示。

图 6-70 图 6-71

Step18 双击"图层 12 拷贝",在弹出的"图层样式"对话框中为"外发光"选项设置参数,如图 6-72 所示。

Step19 效果如图 6-73 所示。

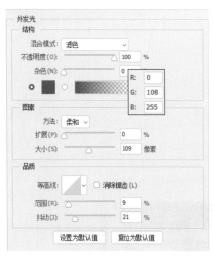

图 6-72

图 6-73

■ 6.2.4 创建狮子光影效果

下面使用画笔工具和图层样式中的内发光、外发光对狮子的光影效果进行处理。

Step01 选择"画笔工具",执行"文件"|"打开"命令,打开"艺术痕迹.abr"画笔文件,载入画笔。单击"切换画笔设置"按钮 ,在"画笔设置"面板中设置参数,如图 6-74 所示。

Step02 新建图层组,命名为"光影"。新建图层,选择"画笔工具"在香炉图像中心位置绘制白色的光球,如图 6-75 所示。

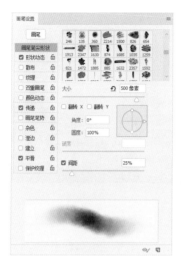

图 6-74　　　　　　　　　　　　　图 6-75

Step03 双击该图层，在弹出的"图层样式"对话框中为"内发光"选项设置参数，如图 6-76 所示。

Step04 单击"外发光"选项，设置参数，如图 6-77 所示。单击"确定"按钮即可。

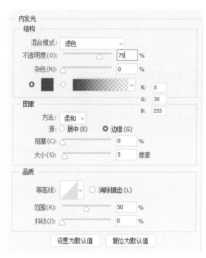

图 6-76　　　　　　　　　　　　　图 6-77

Step05 执行"文件"|"打开"命令，打开"光影素材 .psd"，选择"移动工具"拖动图像到"光影"文档中，调整图像位置，如图 6-78 所示。

Step06 单击"图层"面板底部的"添加图层蒙版"按钮，为该图层添加图层蒙版。选择"画笔工具"擦除图像，将部分图像隐藏，在绘制过程中根据需要调整画笔大小，如图 6-79 所示。

Step07 双击该图层，在弹出的"图层样式"对话框中为"外发光"选项设置参数，如图 6-80 所示。

Step08 选择"画笔工具"，执行"文件"|"打开"命令，打开"光影笔刷 .abr"画笔文件，载入画笔。单击"切换画笔设置"按钮 ，在"画笔设置"面板中设置参数，如图 6-81 所示。

图 6-78   图 6-79

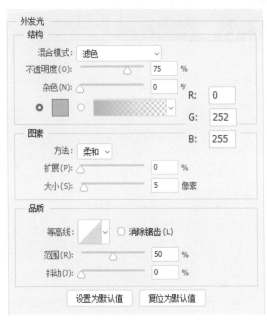

图 6-80

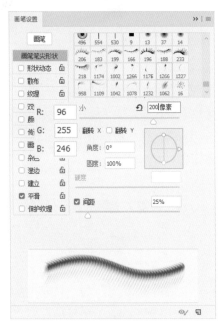

图 6-81

Step09 新建图层，选择"画笔工具"，在狮子面部位置绘制设置好的光影笔触，如图 6-82 所示。

Step10 复制光影笔触，按 Ctrl+T 组合键调整复制图像的大小、角度和位置，继续为狮子面部添加光影效果，如图 6-83 所示。

图 6-82

图 6-83

Step11 新建图层，选择"画笔工具"，在属性栏中选择"柔边圆"笔刷，调小画笔，设置"不透明度"为 50%，然后在狮子的牙齿位置绘制光影效果，如图 6-84 所示。

Step12 双击该图层，在弹出的"图层样式"对话框中选择"外发光"选项颜色参数，如图 6-85 所示。

图 6-84

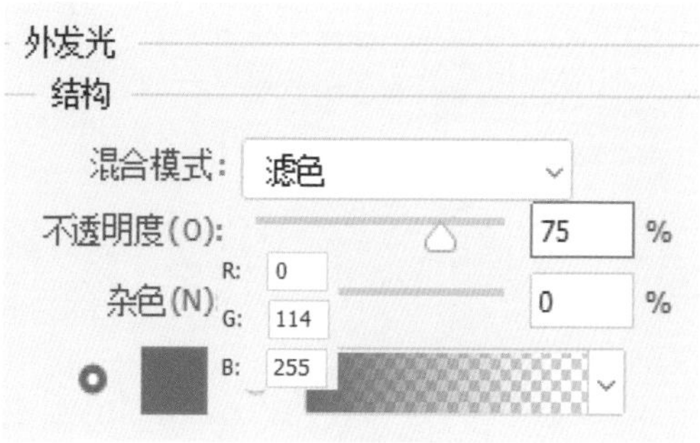

图 6-85

Step13 在"图层 16"上新建图层，在"画笔工具"属性栏中设置参数，使用该工具在狮子嘴部位置绘制光影效果，选择"橡皮擦工具"修饰图像效果，如图 6-86 所示。

Step14 使用相同的方法在狮子口中添加光影效果，如图 6-87 所示。

图 6-86

图 6-87

Step15 使用相同的方法分别为狮子的鼻子和鼻孔添加光影效果，如图 6-88、图 6-89 所示。

图 6-88

图 6-89

Step16 新建图层，在"画笔设置"面板中设置画笔参数，选择"画笔工具"在狮子口中绘制，按 Ctrl+T 组合键调整图像的角度和位置，如图 6-90 所示。

Step17 双击该图层，在弹出的"图层样式"对话框中设置"外发光"选项参数，如图 6-91 所示。

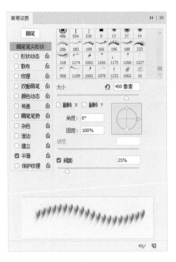

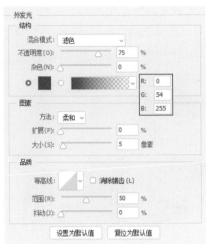

图 6-90　　　　　　　　　　　　　　　　图 6-91

Step18 前后对比效果如图 6-92、图 6-93 所示。

图 6-92　　　　　　　　　　　　　　　　图 6-93

■ 6.2.5　创建犀牛光影

使用画笔工具和图层样式中的内、外发光对犀牛光影效果进行处理。

Step01 复制"图层 17"，按 Ctrl+T 组合键调整图像的方向、角度、大小和位置，如图 6-94 所示。

Step02 双击该图层，在弹出的"图层样式"对话框中设置"外发光"选项的颜色参数，如图 6-95 所示。

图 6-94　　　　　　　　　　　　　　　　图 6-95

Step03 效果如图 6-96 所示。

Step04 连续复制"图层 17"两次，分别按 Ctrl+T 组合键调整图像的角度、大小和位置，如图 6-97 所示。

图 6-96

图 6-97

Step05 依次双击复制的两个图层，在弹出的"图层样式"对话框中更改"外发光"选项的颜色参数，如图 6-98、图 6-99 所示。

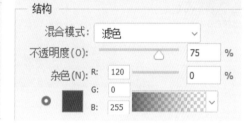

图 6-98　　　　　　　　　　　　　　　图 6-99

Step06 效果如图 6-100 所示。

Step07 在"画笔设置"面板中设置画笔参数，如图 6-101 所示。

图 6-100

图 6-101

Step08 新建图层，选择"画笔工具"绘制犀牛的嘴部光影图像。双击该图层，在弹出的"图层样式"对话框中设置"外发光"选项的颜色参数，如图 6-102 所示。

Step09 效果如图 6-103 所示。

图 6-102

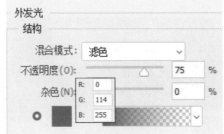
图 6-103

Step10 复制"图层 17",按 Ctrl+T 组合键调整图像的角度、大小和位置,如图 6-104 所示。

Step11 双击该图层,在弹出的"图层样式"对话框中设置"外发光"选项的颜色参数,如图 6-105 所示。

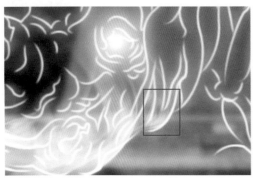
图 6-104

图 6-105

Step12 复制"图层 17",按 Ctrl+T 组合键调整图像的角度、大小和位置,创建出犄角下根部的光影效果,如图 6-106 所示。

Step13 双击该图层,在弹出的"图层样式"对话框中设置"外发光"选项的颜色参数,如图 6-107 所示。

图 6-106

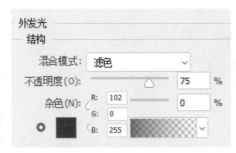
图 6-107

Step14 复制"图层 17",按 Ctrl+T 组合键调整图像的角度、大小和位置,创建出犄角上根部的光影效果,如图 6-108 所示。

Step15 双击该图层,在弹出的"图层样式"对话框中设置"外发光"选项的颜色参数,如图 6-109 所示。

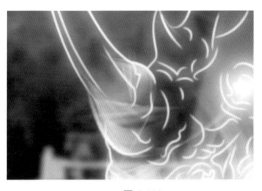

图 6-108　　　　　　　　　　　　　　　　图 6-109

Step16 复制"图层 17"，按 Ctrl+T 组合键调整图像的角度、大小和位置，选择"橡皮擦工具"进行涂抹，擦除多出犄角的图像，形成犄角的光影效果，如图 6-110 所示。

Step17 双击该图层，在弹出的"图层样式"对话框中设置"外发光"选项的颜色参数，如图 6-111 所示。

图 6-110　　　　　　　　　　　　　　　　图 6-111

Step18 使用 Step16 ～ Step17 的方法继续将犀牛图像的犄角光影补充完整，如图 6-112、图 6-113 所示。

图 6-112　　　　　　　　　　　　　　　　图 6-113

Step19 复制"图层 17"，按 Ctrl+T 组合键调整图像的角度、大小和位置，为其添加默认参数下紫色的外发光效果，如图 6-114 所示。

Step20 复制 Step19 的图层（图层 17 拷贝 14），按 Ctrl+T 组合键调整图像的角度、大小和位置，如图 6-115 所示。

图 6-114   图 6-115

Step21 在"画笔设置"面板中设置画笔参数，如图 6-116 所示。

Step22 新建图层，选择"画笔工具"在犀牛眼睛位置绘制白色的放射光影图像，如图 6-117 所示。

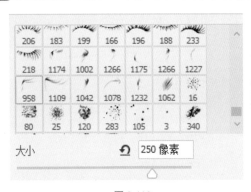

图 6-116   图 6-117

Step23 双击该图层，在弹出的"图层样式"对话框中设置"外发光"选项的颜色参数，如图 6-118 所示。

Step24 复制"图层 17 拷贝 5"，按 Ctrl+T 组合键调整图像的角度、大小和位置，创建出犀牛腮部光影效果，如图 6-119 所示。

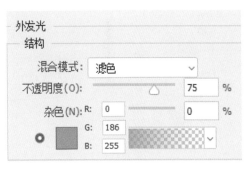

图 6-118   图 6-119

Step25 复制大犄角位置"图层 17 拷贝 14"，按 Ctrl+T 组合键调整图像的角度、大小和位置，形成犀牛额头的光影效果，如图 6-120 所示。

Step26 选中该图层，右击鼠标，在弹出的快捷菜单中选择"清除图层样式"命令，如图 6-121 所示。

图 6-120

图 6-121

Step27 复制犀牛腮部光影图像"图层 17 拷贝 16"，按 Ctrl+T 组合键调整图像的角度、大小和位置，如图 6-122 所示。

Step28 双击该图层，在弹出的"图层样式"对话框中更改"外发光"选项的颜色参数，如图 6-123 所示。

图 6-122

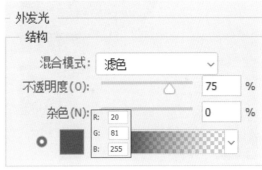

图 6-123

Step29 在"画笔设置"面板中设置画笔参数，如图 6-124 所示。

Step30 新建图层，选择"画笔工具"在犀牛头顶位置绘制光影，按 Ctrl+T 组合键调整图像的角度、大小和位置，如图 6-125 所示。

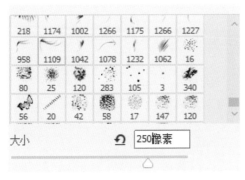

图 6-124

图 6-125

Step31 双击该图层，在弹出的"图层样式"对话框中设置"外发光"选项的颜色参数，如图 6-126 所示。

Step32 效果如图 6-127 所示。

图 6-126　　　　　　　　　　　　　　图 6-127

Step33　复制犀牛额头位置的光影图像（图层 17 拷贝 14 拷贝），按 Ctrl+T 组合键调整图像的角度、大小和位置，如图 6-128 所示。

Step34　双击该图层，在弹出的"图层样式"对话框中设置"外发光"选项的颜色参数，如图 6-129 所示。

图 6-128　　　　　　　　　　　　　　图 6-129

Step35　连续复制"图层 17 拷贝 15"四次，按 Ctrl+T 组合键调整图像的角度、大小和位置，创建出犀牛耳朵位置的光影图像，如图 6-130 所示。

Step36　双击其中任意一个图层，在弹出的"图层样式"对话框中设置"外发光"选项的颜色参数，如图 6-131 所示。

图 6-130　　　　　　　　　　　　　　图 6-131

Step37　效果如图 6-132 所示。

图 6-132

6.2.6 创建香炉及放射光影

使用画笔工具和图层样式中的内、外发光对香炉的光影效果进行处理。

Step01 复制犀牛头顶的光影效果（图层 26），按 Ctrl+T 组合键调整图像的角度、大小和位置，如图 6-133 所示。

Step02 双击该图层，在弹出的"图层样式"对话框中设置"外发光"选项的颜色参数，如图 6-134 所示。

图 6-133

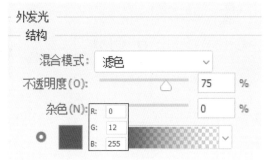

图 6-134

Step03 重复 Step01~ Step02，效果如图 6-135、图 6-136 所示。

图 6-135

图 6-136

Step04 分别复制"图层 26 拷贝"和"图层 26 拷贝 2"，按 Ctrl+T 组合键调整图像的角度、大小和位置，如图 6-137 所示。

Step05 原位复制 Step04 生成的 2 个图层，如图 6-138 所示。

图 6-137 图 6-138

Step06 在"画笔设置"面板中设置画笔参数，如图 6-139 所示。

Step07 新建图层，选择"画笔工具"在狮子面部与香炉之间绘制放射状光影图像，按 Ctrl+T 组合键调整图像的角度、大小和位置，如图 6-140 所示。

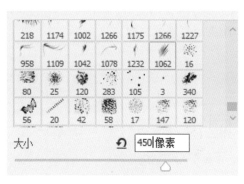

图 6-139 图 6-140

Step08 双击该图层，在弹出的"图层样式"对话框中设置"内发光"选项的颜色参数，如图 6-141 所示。

Step09 单击"外发光"选项，设置参数，如图 6-142 所示。单击"确定"按钮。

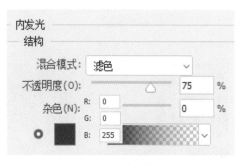

图 6-141 图 6-142

Step10 连续复制该图层，移动到合适位置，如图 6-143 所示。

Step11 在"画笔设置"面板中设置画笔参数，如图 6-144 所示。

Step12 新建图层，选择"画笔工具"在香炉底部绘制放射状光影图像，按 Ctrl+T 组合键调整图像的角度、大小和位置，如图 6-145 所示。

Step13 右击"图层 26 拷贝"，在弹出的快捷菜单中选择"拷贝图层样式"命令。右击 Step12 生成的图层，在弹出的快捷菜单中选择"粘贴图层样式"命令，如图 6-146 所示。

图 6-143

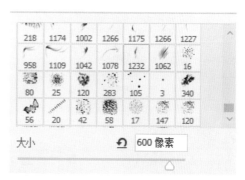

图 6-144

图 6-145

图 6-146

Step14 新建图层，选择"画笔工具"在犀牛面部与香炉之间绘制放射状光影图像，按 Ctrl+T 组合键调整图像的角度、大小和位置，如图 6-147 所示。

Step15 双击该图层，在弹出的"图层样式"对话框中设置"外发光"选项的颜色参数，如图 6-148 所示。

图 6-147

图 6-148

Step16 效果如图 6-149 所示。

Step17 在"画笔设置"面板中设置画笔参数，如图 6-150 所示。

Step18 新建图层，选择"画笔工具"在犀牛面部与香炉之间绘制放射状光影图像，按 Ctrl+T 组合键调整图像的角度、大小和位置，如图 6-151 所示。

Step19 右击图层，在弹出的快捷菜单中选择"粘贴图层样式"命令，如图 6-152 所示。

Step20 根据已有素材图层，调整图像，如图 6-153 所示。

Step21 在"背景主体"图层组中新建图层，选择"画笔工具"，在属性栏中选择"柔边圆"笔刷，在香炉位置进行绘制，创建出不同颜色的装饰图像，如图 6-154 所示。

图 6-149

图 6-150

图 6-151

图 6-152

图 6-153

图 6-154

Step22 设置图层混合模式为"叠加",如图 6-155 所示。

Step23 在"色彩平衡 1"下方新建图层,设置前景色为黑色,选择"画笔工具",使用较大的笔触在主体图像周围进行绘制,调整背景的明暗,如图 6-156 所示。

图 6-155

图 6-156

至此,完成奇幻风格的插画设计。

第 7 章

手抄报插画设计

内容导读

前几章主要讲述了利用 Photoshop 绘制插画的案例，接下来两章则介绍利用 Illustrator 绘制插画。不同于 Photoshop，Illustrator 绘制出来的是矢量图。本章绘制的为手抄报，手抄报是报纸的原型，其通过手抄形式发布新闻信息，可以在有限的空间内容纳一定的文字内容，并兼具美观样式。

7.1 创作思路

本章绘制的二十四节气之寒露的手抄报设计，如图 7-1 所示。

设计思想：使用 Illustrator 软件制作手抄报，可以对其文字、插图、背景等进行设计，使其更加精致。绘制二十四节气之寒露，整体主色调选择黄色，使用钢笔工具与画笔工具绘制一些秋天的小元素，使用文字工具填充画面。

应用场合：手抄报、明信片、书籍插画。

难度指数：★★☆☆☆

图 7-1

7.2 实现过程

本案例主要运用 Illustrator 软件。选择矩形工具绘制背景并填充颜色；使用钢笔绘制主体人物；可以直接使用填充工具填色，也可以使用实时上色工具进行填色；最后使用文字工具填充文字内容。

■ 7.2.1 绘制图像部分

下面对绘制图像的部分进行介绍，主要绘制的为黄色背景、枫叶、枯叶、小男孩，用到矩形工具、画笔工具、实时上色工具。

Step01 执行"文件"|"新建"命令，在弹出的"新建文档"对话框中设置参数，如图 7-2 所示。

Step02 选择"矩形工具"绘制等尺寸的矩形并填充颜色，如图 7-3 所示。

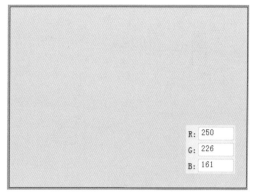

图 7-2   图 7-3

Step03 选择"钢笔工具"绘制叶子并填充颜色，如图 7-4 所示。

Step04 选择"画笔工具"，在属性栏中设置画笔，如图 7-5 所示。

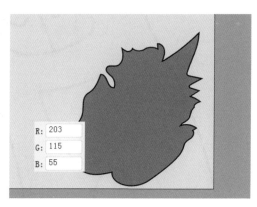

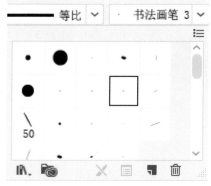

图 7-4   图 7-5

Step05 选择"画笔工具"，在属性栏中设置填充为"无"，绘制叶子的主脉络，如图 7-6 所示。

Step06 选择"画笔工具"绘制叶子其他脉络，如图 7-7 所示。

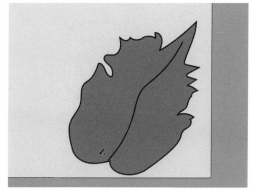

图 7-6   图 7-7

Step07 框选叶子图形路径，按 Ctrl+G 组合键创建编组，如图 7-8 所示。

Step08 选择"画笔工具"绘制一个小男孩，如图 7-9 所示。

图 7-8   图 7-9

Step09 框选小男孩图形路径，执行"对象"|"实色上色"|"建立"命令，如图 7-10 所示。

Step10 选择"连接工具"或"直接选择工具"，将未闭合的路径连接闭合，如图 7-11 所示。

 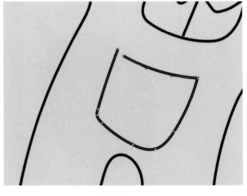

图 7-10   图 7-11

Step11 调整后的图形路径如图 7-12 所示。

Step12 设置前景色为白色，选择"实时上色工具" 🖌 单击填充，如图 7-13 所示。

图 7-12   图 7-13

Step13 设置前景色为黑色，选择"实时上色工具" 🔲 单击填充，如图 7-14 所示。

Step14 设置前景色为粉色，选择"实时上色工具" 🔲 单击填充，如图 7-15 所示。

图 7-14

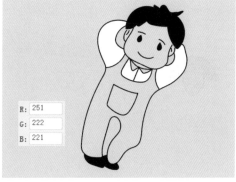

图 7-15

Step15 设置前景色为深蓝色，选择"实时上色工具" 🔲 单击填充，如图 7-16 所示。

Step16 设置前景色为蓝色，选择"实时上色工具" 🔲 单击填充，如图 7-17 所示。

图 7-16

图 7-17

Step17 框选小男孩图形路径，按 Ctrl+G 组合键创建编组，如图 7-18 所示。

Step18 将小男孩移至合适位置，如图 7-19 所示。

图 7-18

图 7-19

Step19 选择"画笔工具"绘制叶子并填充颜色，如图 7-20 所示。

Step20 按住 Alt 键拖动复制，调整大小与方向，如图 7-21 所示。

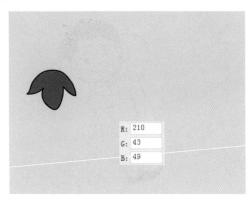

R: 210
G: 43
B: 49

图 7-20

图 7-21

Step21 更改其中一个叶子的填充颜色，如图 7-22 所示。

Step22 按住 Alt 键拖动复制，调整大小、方向与叠加顺序，如图 7-23 所示。

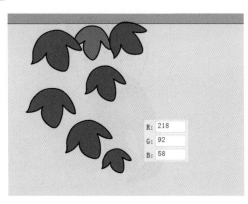

R: 218
G: 92
B: 58

图 7-22

图 7-23

Step23 选择"画笔工具"，在属性栏中设置画笔，如图 7-24 所示。

Step24 选择"画笔工具"绘制枝干，如图 7-25 所示。

等比

图 7-24

图 7-25

Step25 框选枝干与树叶，按 Ctrl+G 组合键创建编组，如图 7-26 所示。

Step26 选择"画笔工具"，在属性栏中设置画笔，如图 7-27 所示。

图 7-26

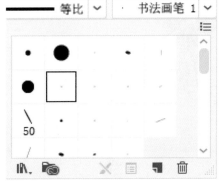

图 7-27

Step27 选择"画笔工具"，绘制水波纹，如图 7-28 所示。

Step28 选择"画笔工具"，绘制鱼并填充颜色，如图 7-29 所示。

图 7-28

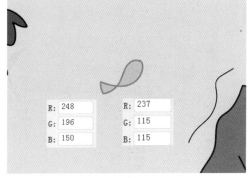

图 7-29

Step29 按住 Alt 键拖动复制，调整大小与方向，如图 7-30 所示。

Step30 更改其中鱼的填充颜色，描边设置为"无"，如图 7-31 所示。

图 7-30

图 7-31

Step31 按 D 键恢复默认前景色和背景色，选择"画笔工具"绘制鸟，如图 7-32 所示。

图 7-32

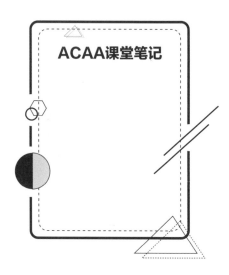

7.2.2 填充文字部分

文字部分主要使用的是文字工具与直排文字工具。

Step01 新建图层，如图 7-33 所示。

Step02 使用"文字工具"分别输入文字，如图 7-34 所示。

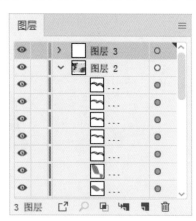

图 7-33

图 7-34

Step03 选择"矩形工具"绘制矩形，填充设置为红色，描边设置为"无"，如图 7-35 所示。

Step04 使用"直排文字工具"输入文字，如图 7-36 所示。

图 7-35

图 7-36

Step05 按住 Shift 键选中文字和矩形，单击矩形，在属性栏中单击"水平居中对齐"按钮和"垂直居中对齐"按钮，如图 7-37 所示。

Step06 按住 Alt 键复制文字 2 次，如图 7-38 所示。

图 7-37

图 7-38

Step07 使用"直排文字工具"更改文字，如图 7-39 所示。

Step08 在属性栏中更改文字填充颜色，如图 7-40 所示。

图 7-39

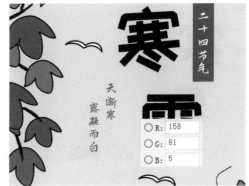

图 7-40

Step09 使用"直排文字工具"输入文字，设置文字填充为红色。执行"窗口"|"文字"|"字符"命令，在弹出的"字符"面板中设置参数，如图 7-41、图 7-42 所示。

图 7-41

图 7-42

Step10 选择"矩形工具"绘制矩形,如图 7-43 所示。

Step11 使用"直排文字工具"输入文字,使其与矩形居中对齐,如图 7-44 所示。

图 7-43　　　　　　　　　　　　　　　　　　图 7-44

Step12 使用"直排文字工具"框选文本框,如图 7-45 所示。

Step13 打开"秋日望夕阳"文件,选中诗词内容,按 Ctrl+C 组合键复制,如图 7-46 所示。

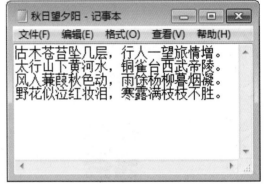

图 7-45　　　　　　　　　　　　　　　　　　图 7-46

Step14 按 Ctrl+V 组合键粘贴,如图 7-47 所示。

Step15 在"字符"面板中设置参数,如图 7-48 所示。

图 7-47　　　　　　　　　　　　　　　　　　图 7-48

Step16 效果如图 7-49 所示。

Step17 框选古诗词，按 Ctrl+G 组合键创建编组，如图 7-50 所示。

图 7-49　　　　　　　　　　　　　　　图 7-50

Step18 选择"文字工具"输入文字，如图 7-51 所示。

Step19 打开"寒露谚语"文件，如图 7-52 所示。

图 7-51　　　　　　　　　　　　　　　图 7-52

Step20 选择"文字工具"粘贴文字至文档中，如图 7-53 所示。

Step21 按住 Alt 键复制文字，如图 7-54 所示。

图 7-53　　　　　　　　　　　　　　　图 7-54

Step22 按 Ctrl+D 组合键连续复制，如图 7-55 所示。

Step23 分别复制粘贴"寒露谚语"文件里的谚语文字，如图 7-56 所示。

图 7-55   图 7-56

Step24 移动调整文字排列，如图 7-57 所示。

图 7-57

Step25 选中谚语文字组，按 Ctrl+G 组合键创建编组，如图 7-58
所示。

图 7-58

Step26 选择"矩形工具"绘制文档大小的矩形，如图 7-59 所示。

Step27 框选全部图层，右击鼠标，在弹出的快捷菜单中选择"建
立剪贴蒙版"命令，如图 7-60 所示。

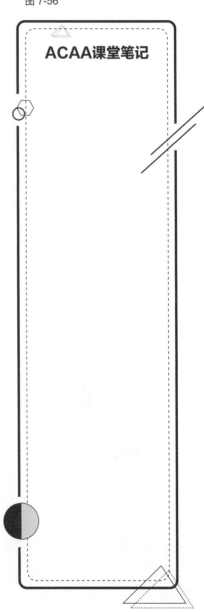

ACAA课堂笔记

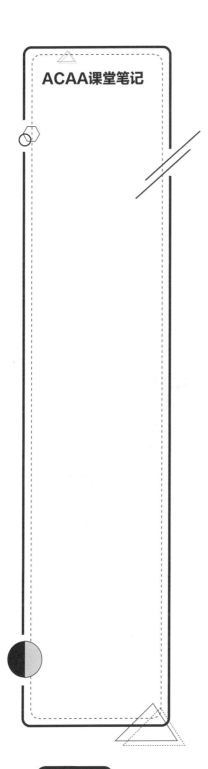

ACAA课堂笔记

图 7-59

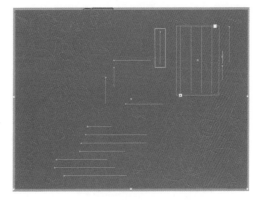

图 7-60

效果如图 7-61 所示。

图 7-61

至此，完成手抄报的绘制。

知识点拨

若要将设计好的文件导出可预览的 JPG 格式图像，可以选中，执行"对象"|"扩展外观"命令与"对象"|"扩展"命令后，单击"画板工具" ，执行"文件"|"导出"|"导出为"命令，在弹出的"导出"对话框中设置参数，如图 7-62、图 7-63 所示。

图 7-62

图 7-63

知识点拨

单击"导出"按钮后，弹出"JPEG 选项"对话框，在其中设置参数，如图 7-64、图 7-65 所示。

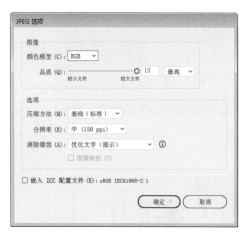

图 7-64

图 7-65

第 8 章

雪天场景插画设计

内容导读

本章绘制的雪天场景插画，以场景为主，添加单一的个体，有景、有物，可以使画面更加完整。在 Illustrator 中绘制插画，主要运用的是钢笔工具、画笔工具以及实时上色工具。

8.1 创作思路

本章绘制的雪天场景插画设计，如图 8-1 所示。

设计思想：雪天场景里面有雪人、白雪覆盖的大地、被雪压弯的树、冬眠的小动物以及调皮的小孩和雪球。运用钢笔工具、画笔工具绘制轮廓，实时上色工具进行填色。

应用场合：明信片、书籍插画、宣传海报。

难度指数：★★☆☆☆

图 8-1

8.2 实现过程

本案例主要运用 Illustrator 软件。选择矩形工具绘制背景并填充颜色；使用钢笔工具绘制主体人物雪人、雪地、雪球、树、女孩、男孩以及冬眠小刺猬的轮廓，使用实时上色工具对其进行填色。

■ 8.2.1 绘制背景部分

下面将对绘制背景图像的部分进行介绍，主要绘制的是蓝色背景、雪地、压弯的树以及雪球，用到的是矩形工具、钢笔工具、画笔工具、实时上色工具。

Step01 执行"文件"|"新建"命令，在弹出的"新建文档"对话框中设置参数，如图 8-2 所示。

Step02 选择"矩形工具"绘制等尺寸的矩形并填充颜色，如图 8-3 所示。

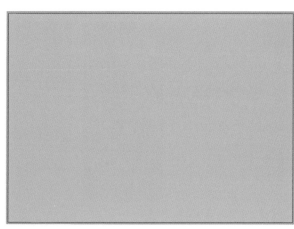

图 8-2   图 8-3

Step03 选择"钢笔工具",在属性栏中设置参数,绘制雪地部分,如图 8-4 所示。

Step04 选择"画笔工具"修饰雪地,如图 8-5 所示。

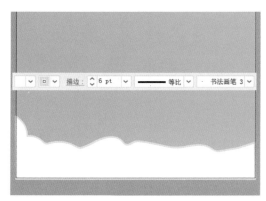

图 8-4   图 8-5

Step05 框选雪地部分,按 Ctrl+G 组合键创建编组,如图 8-6 所示。

Step06 选择"画笔工具"在属性栏中设置参数,绘制树,如图 8-7 所示。

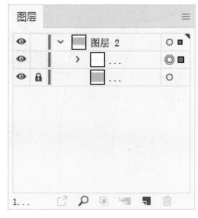

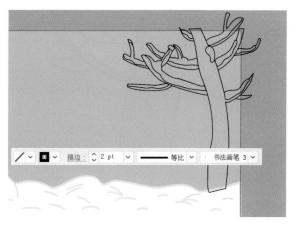

图 8-6   图 8-7

Step07 框选绘制的树的路径，执行"对象"|"实色上色"|"建立"命令，如图 8-8 所示。

Step08 设置前景色为白色，选择"实时上色工具" 🖌单击填充，如图 8-9 所示。

图 8-8

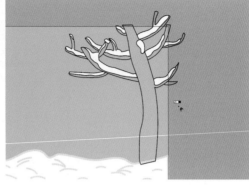
图 8-9

Step09 设置前景色为棕色，选择"实时上色工具" 🖌单击填充，如图 8-10 所示。

Step10 设置前景色为浅棕色，选择"实时上色工具" 🖌单击填充，如图 8-11 所示。

图 8-10

图 8-11

Step11 选择"螺旋线工具"绘制螺旋线，如图 8-12 所示。

Step12 选择"直接选择工具"调整螺旋线，使其闭合，并填充颜色，如图 8-13 所示。

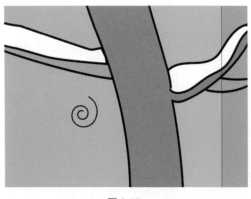
图 8-12

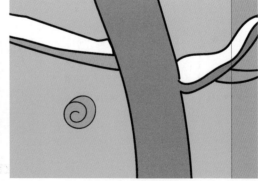
图 8-13

Step13 选择"画笔工具"绘制雪，如图 8-14 所示。

Step14 选择"画笔工具"绘制雪球，如图 8-15 所示。

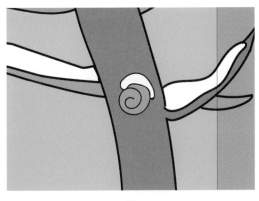

图 8-14

图 8-15

Step15 在属性栏中设置填充为"无"，绘制波浪线修饰雪球，如图 8-16 所示。

Step16 执行"窗口"|"画笔"命令，在弹出的"画笔"面板中单击"画笔库菜单"按钮，在弹出的菜单中选择"艺术效果"|"艺术效果 _ 粉笔炭笔铅笔"选项，在弹出的"艺术效果 _ 粉笔炭笔铅笔"面板中选择"Chalk"，如图 8-17 所示。

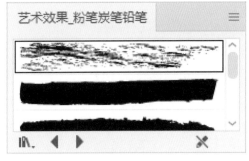

图 8-16

图 8-17

Step17 设置描边颜色，在雪球阴影处绘制，如图 8-18 所示。

Step18 选中雪球全部路径，按 Ctrl+G 组合键创建编组，如图 8-19 所示。

图 8-18

图 8-19

■ 8.2.2 绘制人物部分

人物部分的绘制主要包括一个小女孩、一个雪人和一个趴在雪球上的小男孩。运用的是画笔工具、椭圆工具以及实时上色工具。

Step01 选择"画笔工具"绘制小女孩，如图 8-20 所示。

Step02 框选绘制人物的路径，执行"对象"|"实色上色"|"建立"命令，如图 8-21 所示。

图 8-20　　　　　　　　　　　　　　图 8-21

Step03 设置前景色为白色，选择"实时上色工具" ▧ 单击填充，如图 8-22 所示。

Step04 设置前景色为棕色，选择"实时上色工具" ▧ 单击填充，如图 8-23 所示。

图 8-22　　　　　　　　　　　　　　图 8-23

R: 101
G: 60
B: 28

Step05 设置前景色为蓝色，选择"实时上色工具" ▧ 单击填充，如图 8-24 所示。

Step06 设置前景色为粉色，选择"实时上色工具" ▧ 单击填充，如图 8-25 所示。

R: 143
G: 192
B: 222

R: 83
G: 149
B: 208

图 8-24

R: 246
G: 188
B: 188

图 8-25

Step07 设置前景色为红色，选择"实时上色工具"🖌单击填充，如图 8-26 所示。

Step08 设置前景色为黄色，选择"实时上色工具"🖌单击填充，如图 8-27 所示。

图 8-26

图 8-27

Step09 设置前景色为橙色，选择"实时上色工具"🖌单击填充，如图 8-28 所示。

Step10 设置前景色为紫色，选择"实时上色工具"🖌单击填充，如图 8-29 所示。

图 8-28

图 8-29

Step11 设置前景色为黑色，选择"实时上色工具"🖌单击填充，如图 8-30 所示。

Step12 设置前景色为肉色，选择"实时上色工具"🖌单击填充，如图 8-31 所示。

图 8-30

图 8-31

Step13 选择"椭圆工具"绘制腮红部分，填充粉色，描边为"无"，如图 8-32 所示。

Step14 按住 Shift 键选中人物和腮红，按 Ctrl+G 组合键创建编组，如图 8-33 所示。

图 8-32

图 8-33

Step15 选择"画笔工具"绘制雪人，如图 8-34 所示。

Step16 选择雪人后执行"对象"|"实色上色"|"建立"命令，如图 8-35 所示。

图 8-34

图 8-35

Step17 选择"椭圆工具"绘制腮红部分，填充粉色，描边为"无"，如图 8-36 所示。

Step18 设置前景色为白色，选择"实时上色工具" 单击填充，如图 8-37 所示。

图 8-36

图 8-37

Step19 设置前景色为黑色，选择"实时上色工具"单击填充，如图 8-38 所示。

Step20 设置前景色为棕色，选择"实时上色工具"单击填充，如图 8-39 所示。

图 8-38   图 8-39

Step21 设置前景色为深棕色，选择"实时上色工具" ✏ 单击填充，如图 8-40 所示。

Step22 设置前景色为红色，选择"实时上色工具" ✏ 单击填充，如图 8-41 所示。

图 8-40   图 8-41

Step23 设置前景色为黄色，选择"实时上色工具" ✏ 单击填充，如图 8-42 所示。

Step24 设置前景色为灰色，选择"实时上色工具" ✏ 单击填充，如图 8-43 所示。

图 8-42   图 8-43

Step25 设置前景色为绿色，选择"实时上色工具" ✏ 单击填充，如图 8-44 所示。

Step26 设置前景色为蓝色，选择"实时上色工具" ✏ 单击填充，如图 8-45 所示。

| 图 8-44 | 图 8-45 |

Step27 选择"画笔工具"绘制积雪并填充颜色，如图 8-46 所示。

Step28 按住 Shift 键选中雪人部分，按 Ctrl+G 组合键创建编组，如图 8-47 所示。

图 8-46

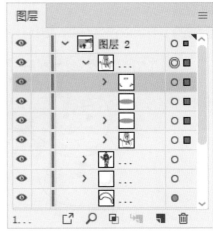

图 8-47

Step29 选择"画笔工具"绘制人物小男孩，执行"对象"|"实色上色"|"建立"命令，如图 8-48 所示。

Step30 设置前景色为黑色，选择"实时上色工具" ✍ 单击填充，如图 8-49 所示。

图 8-48

图 8-49

Step31 选择"吸管工具"吸取小女孩头发颜色，选择"实时上色工具" ✍ 单击填充，如图 8-50 所示。

Step32 使用相同的方法对此路径进行上色填色，如图 8-51 所示。

图 8-50　　　　　　　　　　　　　　　　　图 8-51

Step33 选择"椭圆工具"绘制腮红部分，填充粉色，描边为"无"，如图 8-52 所示。

Step34 按住 Shift 键选择腮红和人物，按 Ctrl+G 组合键创建编组，如图 8-53 所示。

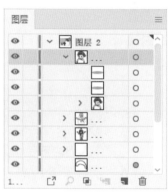

图 8-52　　　　　　　　　　　　　　　　　图 8-53

■ 8.2.3　绘制装饰部分

装饰部分的绘制主要包括雪糕、冬眠的刺猬以及雪花。运用的是画笔工具、吸管工具、实时上色工具、椭圆工具以及矩形工具。

Step01 选择"画笔工具"绘制雪糕，执行"对象"|"实色上色"|"建立"命令，如图 8-54 所示。

Step02 使用"直接选择工具"选择雪糕上部分的路径，使用"吸管工具"单击吸取雪地样式，如图 8-55 所示。

图 8-54　　　　　　　　　　　　　　　　　图 8-55

Step03 选择"吸管工具"吸取小女孩围巾的颜色，选择"实时上色工具" ■ 单击填充，如图 8-56 所示。

Step04 设置前景色为浅棕色，选择"实时上色工具" ■ 单击填充，如图 8-57 所示。

图 8-56

图 8-57

Step05 设置前景色为浅棕色，选择"实时上色工具" ▣ 单击填充，如图 8-58 所示。

Step06 设置前景色为米黄色，选择"实时上色工具" ▣ 单击填充，如图 8-59 所示。

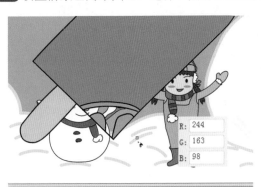

图 8-58

图 8-59

Step07 设置前景色为白色，选择"实时上色工具" ▣ 单击填充，如图 8-60 所示。

Step08 选择"画笔工具"，在属性栏中设置参数，并绘制波浪线装饰雪糕，如图 8-61 所示。

图 8-60

图 8-61

Step09 按住 Shift 键选择雪糕和波浪装饰线路径，按 Ctrl+G 组合键创建编组，在"图层"面板中移动图层组，如图 8-62 所示。

Step10 选择"画笔工具"，绘制并填充颜色，如图 8-63 所示。

Adobe Photoshop CC+Illustrator CC 数字插画设计课堂实录

图 8-62

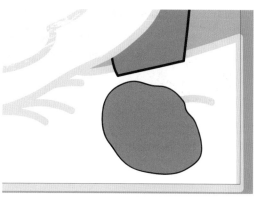

图 8-63

Step11 按住 Shift 键选择雪糕和波浪装饰线路径，按 Ctrl+G 组合键创建编组，在"图层"面板中移动图层组，如图 8-64 所示。

Step12 选择"画笔工具"，绘制并填充颜色，如图 8-65 所示。

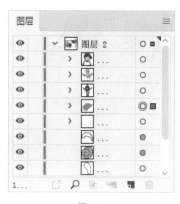

图 8-64

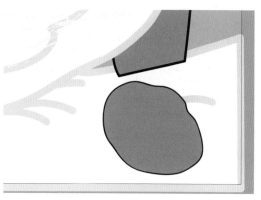

图 8-65

Step13 选择"画笔工具"，绘制刺猬，执行"对象"|"实色上色"|"建立"命令，如图 8-66 所示。

Step14 选择"吸管工具"吸取小女孩背带裤颜色，选择"实时上色工具" ⬛单击填充，如图 8-67 所示。

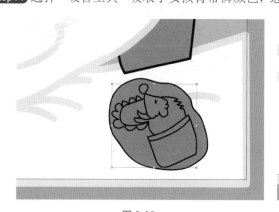

图 8-66

图 8-67

Step15 设置前景色为白色，选择"实时上色工具" ⬛单击填充，如图 8-68 所示。

Step16 设置前景色为绿棕色，选择"实时上色工具" ⬛单击填充，如图 8-69 所示。

图 8-68
　　　　　　　　　　　　　　　图 8-69

Step17 设置前景色为粉色，选择"实时上色工具" 单击填充，如图 8-70 所示。

Step18 设置前景色为浅蓝色，选择"实时上色工具" 单击填充，如图 8-71 所示。

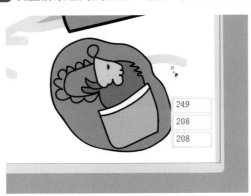

图 8-70
　　　　　　　　　　　　　　　图 8-71

Step19 设置前景色为黄色系，选择"实时上色工具" 单击填充，如图 8-72 所示。

Step20 选择"椭圆工具"绘制腮红部分，填充粉色，描边为"无"，如图 8-73 所示。

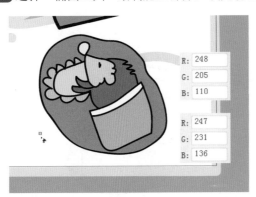

图 8-72
　　　　　　　　　　　　　　　图 8-73

Step21 选择"画笔工具"，绘制刺猬的刺，如图 8-74 所示。

Step22 选择"椭圆工具"与"圆角矩形"绘制雪花，如图 8-75 所示。

图 8-74

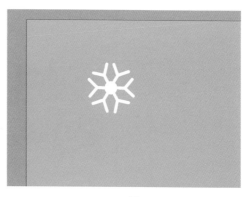

图 8-75

ACAA课堂笔记

Step23 按住 Alt 键复制雪花，并调整大小，如图 8-76 所示。

图 8-76

Step24 选择 "矩形工具" 绘制面板大小的矩形，如图 8-77 所示。

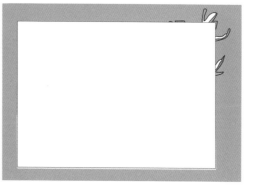

图 8-77

Step25 选中全部图层路径，右击鼠标，在弹出的快捷菜单中选择 "建立剪贴蒙版" 命令，如图 8-78 所示。

图 8-78

至此，完成雪天场景插画设计。

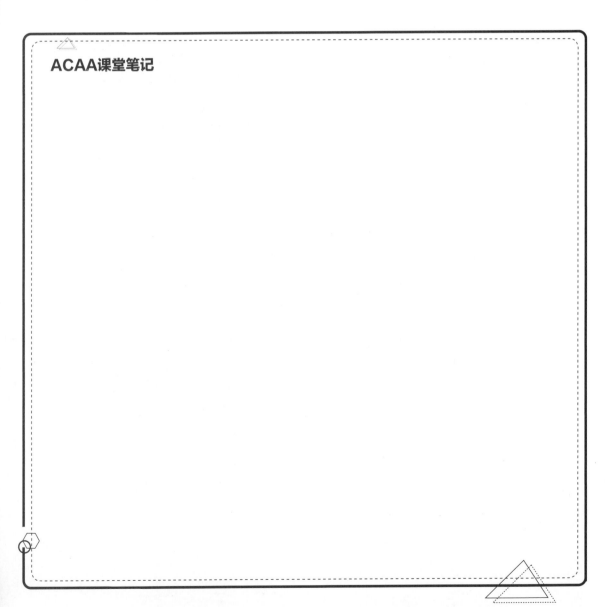

ACAA课堂笔记